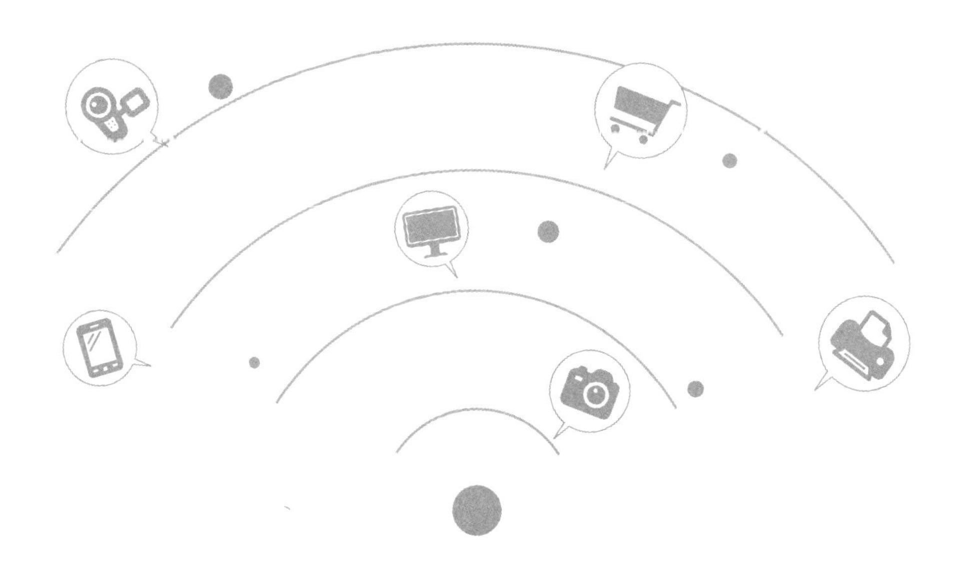

叶炜◎著

技术派革命

物联网创业手册

2020年·北京

图书在版编目(CIP)数据

技术派革命:物联网创业手册 / 叶炜著 . -- 北京:当代中国出版社,2020.1
ISBN 978-7-5154-0941-2

Ⅰ.①技… Ⅱ.①叶… Ⅲ.①互联网络-应用-通俗读物②智能技术-应用-通俗读物③创业-通俗读物 Ⅳ.① TP393.49 ② TP18-49 ③ F241.4-49

中国版本图书馆 CIP 数据核字 (2019) 第 122662 号

出 版 人　曹宏举
策划编辑　陈　莎
责任编辑　陈　莎　周显亮
封面设计　邢海燕
出版发行　当代中国出版社
地　　址　北京市地安门西大街旌勇里 8 号
网　　址　http://www.ddzg.net　邮箱:ddzgcbs@sina.com
邮政编码　100009
编 辑 部　(010)66572264　66572154　66572132　66572180
市 场 部　(010)66572281　66572161　66572157　83221785
印　　刷　河北盛世彩捷印刷有限公司
开　　本　710 毫米 × 1000 毫米　1/16
印　　张　12.75 印张　196 千字
版　　次　2020 年 1 月第 1 版
印　　次　2020 年 1 月第 1 次印刷
定　　价　45.00 元

前 言

我们所处的时代是渴望成功的时代，创业被公认为是从草根逆袭成功的最有效的途径之一。但似乎创业又非常困难，需要掌握足够的知识，拥有足够的勇气和运气。我读过不少有关创业和如何创造财富获得成功人生的书籍，现在回过头来想想，帮助很大的书籍并不太多，大多数书籍都是“垃圾食品”，对人生和创业毫无帮助。究其原因：其一，创业的人大多没有时间写书，有时间写书的人又不创业，写出的东西根本没有可操作性；其二，创业本身很难，很多创业成功的人士并不想让别人知道他们已经掌握的干货和财路。

我一直有一个埋藏在心底的梦想，那就是打造一个属于自己的科技品牌产品，为全世界的人服务。我也在寻找机会，写一本关于如何成功创业、打造属于自己品牌产品的书，将我的亲身经历分享给大家。

坦率地讲，创业归根结底还是通过做产品、卖产品赚钱，掌握市场资源的人的确更容易创业成功。作为一名科技人员，每天都只跟技术和电脑打交道，很少有好的人脉渠道，因此，技术人员创业的难度其实更大，能够顺利整合市场、人脉资源走向成功的人就更少了。在经历百转千回之后，今天，我终于鼓起勇气，有机会分享我作为技术派创业人中的一员经历的痛苦与喜悦，为大量的技术工程师、技术经理如何通过自身创业获得人生财富提供一点儿有用的借鉴。

曾经，我也经常流连于北京中关村图书大厦，在那里能看到全国最新出版的大量图书，其中也有不少权威的创业书籍。不过，对于两手空空的技术人员如何从零起步，完成从0到1的创业转换，并无太多可供借鉴的书籍。今天，我终于有机会将我的创业实践记录下来与读者分享，也希望我的作品能够成为中关村图书大厦的一员，与能够在书海中发现它的读者切磋。

在我和我的团队一起创业的日子里，我经常会有想把我们看到的风景与更多的朋友一起分享，把经历的痛苦与更多的朋友倾诉的冲动。现在我用文字记录下来，或许，这会是我创业最大的收获。

毋庸讳言，在这个每天充斥着海量信息的时代，很少有人能拿出足够的时间，耐下心来从头到尾读完一本书。我也不指望本书在你的书架上占有多么重要的位置。但是有一点，如果碰巧你也是或曾经是一名和我一样的技术工程师，正准备创业或已经在创业的路上，那么书中的某些章节或许会对你有一些帮助。

你完全可以通过本书的目录查找到你感兴趣的章节，在你遇到管理、市场、资金问题辗转难眠的时候，或许本书有不同的思维或有益的探索，对读者哪怕是有些许裨益。果能如此，作者将倍感欣慰。

谨以此书献给和作者并肩奋斗的团队，特别是各位合作伙伴及投资人，包括：加州大学何磊教授，物联网专家郦亮博士，互联网金融专家贺荣霞女士，美籍华人企业家王于岭先生、孙一宁先生，美国法律专家徐世平博士，著名投资人周楠先生及雷鸣先生。

同时，也特别感谢我的妻子对我创业及工作的鼎力支持，没有她的支持，不可能有本书的面世。

目　录
CONTENTS

第一篇　初创期

第三篇　转折期

第一篇　初创期

第一章　方向与选择

人生就像一粒种子，在浩瀚广袤的世界里生根、发芽、开花、结果。

人的一生有多大成就，往往取决于成长的土壤，取决于所处的时代。

我们生活在经济高速发展的和平年代，两件事情成为人生舞台的中心角色：投资和创业。

每个人都有属于自己的资本，出身、知识、学历、资金、人脉、创造力都是每个人独有的资本。作出什么样的人生选择，就是在做什么样的投资。一些人在为工作投资，另一些人在为事业投资。

每个人都在不知不觉中创造属于自己的作品。一幅画，一部手机，一件艺术品，一对儿女，都可以成为优秀的人生作品。我从昔日的一介书生成为今日科技创业大潮中的一员，也在与团队一起创造属于这个时代的作品。

青春被每天的各种难题消耗，问题烟消云散，心灵获得修炼，这就是人生的意义所在。

梦想与现实

在现代经济社会中，如何使自己的资产增值是一个无法回避的话题，关于这一点，很可惜，我们在学校获得的知识相当贫乏，我们只能在社会这所百科大学中，通过摸爬滚打的实践增长知识和经验。

一个人的梦想往往随着年龄的增长而变化，很多以前看起来很美好的梦想，回头想想，你或许会发觉很幼稚。小时候，很多人都梦想过成为一名科学家，结果真正成为科学家的人寥若晨星，很多人成年后甚至对科学家很不屑。原因很简单，科学家获得成就绝非易事，需要忍受超出常人的寂寞和付出艰苦的努力，天分也是少不了的。

炒股是一种最常见的投资。股市行情好的时候，每个人都觉得自己是股神。成为一位靠股票投资发家的成功人士每过几年就会有一波梦想浪潮翻涌。

创业是另外一种投资。在当代中国，没有梦想通过创业成为一位有成就的人少之又少。有人说，在股市里是一赚二平七亏，也有人说，创业成功的概率只有5%，看来要想在任何领域取得成就都绝非易事。

创业成功的人士通过企业上市卖出股票，股票市场上的普通投资者通过买进这些股票进行投资，究竟谁更高明呢？看上去似乎创业者更高明。

随着阅历的增长，我逐渐意识到，一个人的命运，一家公司的命运，往往与国家的命运息息相关，什么样的时代背景造就什么样的企业群体。国家强盛的背后，往往会涌现出一大批拥有优秀产品的企业和企业家。以日本为例，之所以“战后”的日本能在短时间内迅速崛起成为工业强国，就是其背后有一大批生产出优秀产品的企业和企业家，这些企业的产品在国际市场上迅速打开局面，为日本本土赚取了大量利润，也为日本强国提供了源源不断的动力。

一直以来，我有一个梦想，希望有机会让亲手设计的产品销售到全球各地，服务于全球用户。

技术派低风险创业

相对于拥有业务背景的人士，技术背景人群更习惯于稳定的收入和平稳的生活，如何发挥技术特长，为社会创造更大价值，从而打造属于自己的一片天地，是萦绕在每个技术人员心头挥之不去的话题。

创立一家公司，首先要考虑业务来源。在这点上，业务派有得天独厚的资源和技能，对于成天跟机器打交道的技术派来说，资源和技能就相对局限。

创业的本质是做生意，也就是说，要将东西卖出去才能有收入，才能获得发展的能量。当然，一家公司可以有不同层面的东西卖，可以通过帮人研发项目获得收入，也可以开发一款普遍适用性的产品，通过销售产品获得收入，还可以通过卖知识产权，甚至出售公司的股权获得收益。

在笔者看来，技术出身的创业者对产品的视角容易不知不觉更重视技术而轻视市场因素。一家公司想要取得成绩，技术、市场、资金、人才全都重要，以技术为中心不是不可以，关键是创业者是否能研发出领先于市场又符合市场需求的产品。市场是检验技术的唯一标准。

对于技术派来说，低风险创业有很多路径选择，其中，研发出独树一帜的业界领先技术是一种选择；以契合市场需求的成熟技术，与合伙人进行资源整合，研发出技术一般但有独特商业模式的产品，可能是大多数创业者更可行的选择。因为绝大多数人既不是技术的天才也不是营销天才，进行资源互补，发挥各方所长是最现实的选择，创业的成功率也会大大增加。

笔者的选择即是后者。在长期的产品研发实践中，笔者注重产品技术、设计、市场、营运等方方面面的知识收集，同时，偶尔也会获得实践的机会。

在中关村一段较长时间的工作过程中，我偶然与当时中关村赫赫有名的物联网领军人物、美籍华人郦亮博士相识，在较长的共事过程中互相信赖，进而发展成为合作伙伴。在企业初创阶段，创业团队有幸邀请到杰出的美籍华人科学家、加州大学何磊教授加入并引入战略投资。

我们共同创立的公司选择在南京落地，有关创业地点的选择主要有两个原因：其一，当时团队正在南京开展一个物联网重要政府项目；其二，笔者本人的家一直在南京，希望能够事业和家庭兼顾。

公司就这样创立了，二万五千里长征开始了第一步。

最笨的创业方向

在一次融资会谈中，有一家投资基金的经理毫不避讳地跟我们说，物联网方向是最笨的互联网创业方向。笔者瞬间即佩服这位投资人的敏锐，或许是听得多了看得多了，才会有这么迅速的判断。

至于这位投资人的判断是否正确，有必要仔细分析一番。常言道，没有做不好的行业，只有做不好的企业，从这个角度说，物联网是一个新兴的科技行业，和所有的新兴行业一样，都会经历萌芽、兴起、繁荣、衰落这几个发展过程。物联网行业的智能设备与智能感知毫无疑问需要借助已经形成产业规模的互联网以及移动互联网为依托，实现信息传输和智能设备资源共享。通俗地讲，物联网即等于设备加互联网。物联网企业要将一款成功的产品推向市场需要经历硬件和软件两种产品组件的研发，同时要通过智能硬件产品的销售带动用户量，从而实现互联网或移动互联网的信息以及数据服务目标。

而以往的互联网或目前正在如火如荼发展的移动互联网产品，则只需要通过研发一种软件组件即可形成产品；同时，互联网产品的推广和用户量扩大只需要通过软件及服务免费试用即可做到，软件和基本服务的免费使用的成本是相当低廉的，一旦营销思路正确，也相对容易做到用户指数级的增长。而物联网智能硬件产品免费使用的成本是相当高的，而且还要面对售后和设备维修的投入。

硬件研发普遍要慢于软件研发。一般来说，一款硬件从开始研发到出成果都要经历半年到一年，半年还算短的。如此看来，物联网产品相对于互联网产品的确存在发展弱点。想要做成功，看上去会比较费劲。

不过，事物永远存在正面和反面。就创业来说，一个容易起步的行业一定参与者众多，竞争异常激烈，因为人的本性总是会倾向于容易做的事。客观现实也可以验证这一点，移动互联网的容易扩散性以及高能量杠杆并没有让真正成功的创业公司增加，恰恰相反，只会让行业的集中度增加，小企业很难生存，失败者比比皆是。

打个不恰当的比方，一条老街可以开5家牛肉面馆，而且都可能生意不错，但是，在全国范围内，不会存在多家同一个细分行业的移动互联网公司都活得很滋润的情况。互联网公司的潜规则是：老大吃肉，老二喝汤，第三名就基本没戏，极有可能面临亏损赔本。

我常常在想，像我们这样平凡的创业者或许更适合走笨一点儿的道路。

第二章　产品选题

项目与产品

初创公司有很多问题需要考虑，并相应地作出选择，其中一个重要的问题，就是公司的主要业务方向。先做项目还是先做产品？这是一个无法回避的方向性问题，创业团队一开始就必须作出清晰而明确的回答。

初创企业缺少产品，缺少客户，更缺少资金，如何在最短的时间内实现销售，形成正向现金流，是摆在每个创业者面前的严峻考题。从何处取得业务取得突破并形成竞争力，是首先要解决的重大问题。所谓项目，就是根据用户的要求开发一款用户定制化需要的产品，该产品的使用场景、功能、技术方案大多都由用户主导，项目可能来源于合伙人的人脉关系，也可能来源于公司业务人员有针对方向的业务开发，还可能来源于项目招标。

项目的设计与应用功能并不完全源自企业自身的意志，通俗地讲，更接近于外包开发，可以是国内的外包，也可以是国外的外包。有很多企业一直保持做项目的业务模式，并且成长迅速，有些甚至做成了巨无霸的企业，比如大家熟知的富士康，总体上也属于做外包项目。

项目业务方向主要体现为以下特点：

● 大多数项目不可复制，每个项目都要从头开始研发。

● 初创企业无法保证成批承接到同一技术类型的项目，不同的技术类型会提高人力成本。

● 单个项目的利润看似很好，但项目的滚动效率很低，不可复制。对初创企业来说，一年做不了几个项目，总的来说利润率较低。

● 项目业务往往受制于一两个客户，业务波动大。

- 一般研发企业不享有项目的知识产权。
- 一旦签约，一般客户会提供项目首期款，回款相对可控。
- 大多数初创企业能承接的项目，研发周期相对较短。

相对于项目方向，很多初创企业会把自己的业务方向定位为产品。所谓产品，就是使用人群、应用场景、功能设定全部由自己说了算，企业需要根据自身的判断，发现市场的空隙，找到大量人群的需求共性，或者发现新的待开发的市场。产品的运营比项目的运营要复杂，难度也要大大增加。

产品业务方向主要体现为以下特点：

- 需要自己定义产品市场、客户以及使用场景。
- 需要进行市场调研、竞争分析、产品定义，对产品的优势、劣势进行决策取舍。
- 需要建立产品营销团队和售后服务团队。
- 企业享有一切知识产权。
- 产品可以持续升级，并不断完善，建立属于自己的产品品牌。

很多企业为了初创期的生存，毫不犹豫地选择了做项目，毕竟公司的生存是第一位的。不可否认，有很多创业者通过总结项目的共性，实现了项目到产品的转化，最终形成了自己有竞争力的产品，并在某一领域实现了客户的复制，研发成本大幅降低，并获得了很好的利润。但是，更多的企业在初创期的项目承接得相当不错，可是随着时间的推移，项目类型越来越多，越来越难以控制，于是逐渐迷失了方向，最终导致创业失败。

毫无疑问，企业家的终极梦想应该是做有自主知识产权和品牌的产品。

雷军曾经在他的创业经验演讲中，谈到鼓动一个即将承接一个8000万电信项目的团队放弃对项目的承接，转向自主产品方向发展，所谓干大事。从这个案例可以看出，产品方向的空间一般要远大于项目业务方向。

评估我们的优势

我的合伙人郦亮博士是物联网行业的专家，多年来一直担任国际联盟IEEE802.15.4协议标准化工作组的召集负责人，并主导制定过物联网行业国家和国际标准，可以毫不夸张地说，他算得上是我国物联网行业的奠基人之一。

我和郦亮博士在创业初期也曾经做过不少物联网方面的项目，其中甚至包括一些高大上的项目，比如，为工信部电信研究院开发过无线信号分析系统，为中电国际集团28所研发过智能家居系统等。这些项目技术含量都不低，项目也都实现了完美的交付，但是一个项目做完就做完了，完成的成果无法实现第二次的复制，导致研发成本居高不下，周转率和复制率很低，公司在较长一段时间内无法实现真正的快速增长。

一家公司想要形成竞争力，一定要在资源整合的同时发挥团队的优势。

长期以来，我们都觉得研发出自主品牌的产品应该是我们的唯一出路，这也是我和郦亮博士很长时间以来一致的看法。郦亮博士的专长是无线通信和硬件设计，而我的专长是软件和互联网设计。毫无疑问，我们公司的产品应该聚焦于我们最有把握的移动物联网领域。移动物联网实际是互联网的延伸，现在有一个更时髦的名称，叫作“互联网+”。

公司创业初期，在国内市场上已经陆续涌现出智能家居的移动物联网产品。国内有一个不好的风气，就是做什么都一窝蜂，即便是你的原创，5分钟之后，被抄袭的结果可能比原创更好，而且不需要付出很高的代价，产品的价格会压得更低。这种风气对于产品创新企业是一个很大的挑战。同时，企业想保持一定的利润率从而实现持续产品创新，面临的困难也很大。

由于郦亮博士是美籍华人，不但经常往返于中美两国，同时又跟一些国际学术组织有交集，因此具有很开阔的国际视野。此时，中国的互联网、物联网技术水平与国际上实际是在同一条起跑线上，没有太大的差距。

经过长时间的思考，我们一致认为，建立一个中国创新、销售全球的商业模式将是我们的企业优势。我们拥有成本相对低廉的研发和设计团队资源，同时又拥有国际市场眼界和资源，这种资源整合具备先天的优势。

也就是说，我们一开始就是一家国际化视野的公司，同时也意味着，我们是在全球范围内展开产品竞争，要设计出具有世界级水平的产品才有可能取胜。

智能家居

电子商务盛行的当下，判断新兴产品和技术发展方向变得越来越容易，但对于互联网+产品来说，往往会涉及硬件产品，我们团队在自主研发的基础上，借鉴其他研究思路，特别是找到其他研究的缺点予以避免。我们严格遵守知识产权。我们会从某些国家带回一些新品，主要是用我们自己的技术做突破性研究。智能家居产品可以算得上是互联网+的先锋产品。这些产品品类较多，一直以来不温不火，究其原因，早期的智能家居产业的发展主要遇到了以下障碍：

1. 智能家居产品的整个技术链中涉及两大类技术标准：短程无线通信技术标准和互联网数据传输标准。这是两个层面的标准，前者决定互联网+产品最后一米的一致性解决方案，其中会牵涉到各大短程无线通信芯片厂商的角逐，实际上最后升级到几大技术联盟的角逐，其中包括ZigBee联盟、Z-Wave联盟、Wi-Fi联盟等，这些技术联盟背后都有全球各大IT巨头参与其中，我们国内还有不成技术规范的433通信频段的松散联盟。以美国德州仪器为核心联盟成员的ZigBee联盟，曾经一度在智能家居领域独领风骚，ZigBee技术的典型应用是Philips公司推出的智能变彩家用灯光系统。但是，这两年随着智能家居的深入应用，各大厂商普遍发现了ZigBee技术的缺点。首先，使用ZigBee技术需要一个设备信号收集器（俗称网关，类似于Wi-Fi路由器），该收集器在没有大量普及前成本居高不下；其次，网关的接入对普通用户来说具有一定的学习门槛。2013年秋季，市场上盛传三星公司将在他们的智能手机中内置一块ZigBee芯片，该芯片的植入可以大大降低ZigBee网络大众化使用成本，从而带动ZigBee技术的爆炸性普及。但是，该方案后来被三星公司搁置，对ZigBee联盟多少是个打击。Z-Wave联盟主推的Z-Wave方案与ZigBee技术方案的境遇大同小异。由于Wi-Fi路由器的广泛普及，Wi-Fi技术方案的智能家居产品获得长足的发展优势，最近两年Wi-Fi技术智能家居后来居上，产品层出不穷，获得空前的发展。这就是自主创新的结果。

飞利浦物联网彩色灯光

2. 所谓智能家居，是对传统的家居产品（更确切地说，是电子电器产品）进行智能化改造，实现移动互联网接入功能和智能控制等功能。而传统的家电产品都掌握在传统的家电制造商手里，对于势单力薄的创新企业来说，无法引导某一种技术标准在各个家电厂商之间的普及。实际上，也有很多传统家电企业踌躇满志自行主导智能家电的改造和升级，但都没掀起多大的风浪，市场依然如故，各自为战。最典型的案例有国内海尔电器的智能家庭解决方案，该方案早在2003年即提出概念，在随后的几年中也陆续推出了很多产品，但市场反应平淡。

3. 一个产品的好坏最终需要经历市场的检验，再高精尖的技术，如果不是普通用户消费得起的，或者不能给用户带来性价比的价值，用户最终会拒绝埋单，产品也无法获得成功。

早期的智能家居产品除了普通智能家电，还有智能窗帘、智能开关、智能插座、智能空调、智能投影机等。这些物联网产品除智能开关外，产品普遍设计为流行的智能手机控制，可以试想一下，在现实生活中，每天打开窗帘要先找手机，极其不方便，欠缺实用性。对用户来说，除了新奇，并无太多实用价值，是可有可无的产品，这样的产品市场发展自然举步维艰。再者，物联网智能家居的市场与传统智能控制市场完全重合，传统的有线智能控制技术已经相当成熟，而且成本低廉。以智能空调为例，传统空调增加一块ZigBee芯片成本就要超过100元，而传统有线的成本在10元上下，差距大，如果不能给用户带来革命性的体验，则注定要被用户抛弃。

智能家居控制系统

智能温控器的启示

在研究国外领先的产品过程中我们发现，国际上智能家居的发展趋势已经悄然发生了变化，呈现两大发展趋势：

1. 以前难于由一两家家电厂商统一的技术标准，已经转变为由渠道商进行一统江湖，例如，最大的电商Amazon，美国最大的家居连锁卖场Home Depot等开始主导智能家居产品的技术和市场整合。毫无疑问，渠道商的能量要大于任何一家家电制造商。这些渠道商采用的技术融合方案，是收购拥有多种协议网关技术的公司，然后让各大生产商遵循该通信网关技术标准。

2. 第二种发展趋势是，完全打破以前智能家居一揽子应用的产品趋势，新兴智能家居公司均着眼于一个应用或一款垂直领域的产品，将这款产品做到极致，真正给用户带来实用价值。我们在2013年底带回来的大量新产品样品中发现了富有代表性的室内智能温控器NEST。在美国家庭中，中央空调已经比较普及，该产品的创意是将传统的中央空调手动控制面板改造成能够接入互联网的智能硬件，是一款典型的互联网+产品。任何技术都有不足，都在发展中，运用自主技术，开拓新的更高技术，就是创新空间。从苹果公司辞职创业的公司创始人托尼·法德尔（Tony Fadell）秉承苹果公司的设计理念，经过两年的努力，将资源聚焦于一款产品并做到极致，改进到第三代的产品已经相当实用，可以帮用户节约40%的电费。同时，可以用智能手机的App在没有到家之前远程遥控地先把空调打开，功能非常实用，同时具有艺术品一样的外观。当然价格也不菲。

就在我们研究这款样品的两个月之后，Google公司花了30亿美金将NEST公司收入囊中。这起收购案是2014年智能家居行业的标志性事件，它给我们带来震撼的同时也给我们留下了一些启示：

● 做到极致的单一互联网+产品大有可为，而且已经成为一种行业发展趋势。一家初创公司不需要急于推出一大堆产品，否则会什么都做不好。

● 互联网+产品的背后是大数据，拿NEST温控器产品来说，其实背后的用户数据反映了用户的日常作息，能够产生巨大的商业价值，这应该才是Google公司愿意出重金收购一家才卖出不到100万个产品的科技公司的原因。

NEST智能温控器

NEST公司的成功无疑给我们带来了很大的震动，我们决定选择NEST类似的互联网+产品发展模式，自主创新，开创属于我们自己的未来。

智能浇灌控制器

记得有一段时间我彻夜难眠，为选定即将研发的产品绞尽脑汁。

智能家居产品是我们近几年来最熟悉的领域，要研发一款开创性的互联网+产品，自然还是要从我们最熟悉的智能家居领域入手，只不过这次不能再立意于大而全的产品，而是要做一款像NEST智能温控器那样的单一领域极致产品。

我当时把身边最常用的家用电器过了好几遍，始终无法找到合适的进攻目标。

呈现在我们日常生活中可智能化的产品寥寥可数，除了像电器开关、插座、白炽灯、路由器、电视、DVD视频播放器等，剩余的就是传统家电厂商的领域了。当时，市场上已经开始出现做得不错的智能家居单品。像智能插座、智能开关、智能灯泡、智能路由器和电视机顶盒，则有几家互联网巨头最先宣布进入。小米盒子、天猫盒子我早就用上了，像我们这样的初创公司再进入这些领域，不会有戏。

我们心目中的产品应该具有以下特点：

1. 已经存在传统市场的产品，是有刚性需求的产品。我们过去研发了很多非刚性需求产品，看上去很高科技，但实用性不强，在市场上大败而归，这次一定要吸取之前的教训。

2. 这类传统产品有互联网改造的潜在需求，互联网改造后能给用户带来新的价值，用户愿意为新功能埋单。

3. 产品的研发难度不能超越我们团队现有的研发能力。

4. 智能硬件只是一个用户终端切入点，产品的背后应该能够实现数据的服务和增值。

5. 这个产品的直接市场容量不能太大，应该在10亿美元以下。对于实力雄厚的大企业来讲，相对细分的小容量市场他们不会感兴趣，像我们这样的初创公司才能获得占领市场的先机。

6. 这个产品最好能够发挥我们公司的中美跨国资源优势。

7. 这个产品容易形成一些进入市场的壁垒。作为一家科技型的小企业，我们既不擅长维权，也没有更多的精力组织维权。

围绕以上选择产品的标准，我们一件件地提出，随即又一个个被否定，我们深深地体会到，想办好一家科技创新公司着实不易。

直到有一天晚上，我吃过晚饭后，照常坐在电脑桌前，打开电脑与合伙人进行越洋通话。郦亮博士在美国西海岸的加州，我在中国东海岸的南京，我们的时差大约15小时，这个时候，他那边也就是早上刚起床。

“我找到了，我找到了！”从Skype里面似乎传出来的不是郦亮博士的声音，而是当年阿基米德从浴缸跳出来说他发现了浮力定律的声音。那是2014年初春的一个春寒料峭的夜晚，美国那头是那样的欣喜若狂，中国这头也是激动人心，我们一起心潮澎湃。那个气温尚寒的春夜也将永远被我们铭记。

我们到底找到的是什么呢？答案是，自动浇灌控制器。

在美国家庭里，花园浇灌控制器是一种传统的家庭电器，该产品通常安装于庭院的外墙上，是用来控制浇灌花草的电器设备。这种产品在加拿大、欧洲、澳大利亚、南美等地的家庭也都有广泛的使用。除了家庭用户外，商业上主要用来控制浇灌高尔夫球场、政府管理的公园绿地、社区植被等。作为中国人，我甚至从来不知道在异国他乡竟然还有这样的家用电器。不过能够想象到，这个产品方向有点儿意思。我们之所以一拍即合，是因为我们有自主的知识和技术积累，有能力突破。而这种即将在我们手术刀下进行改造的产品完全符合我们为新产品勾画的轮廓。

浇灌控制系统实验室

市场调研

尽管我们对这款即将研发的产品一见钟情，不过，当我们冷静下来之后，还是要从市场的角度对这款产品的各个方面进行细致的了解和分析，知己知彼才能找到竞争的机会。

在美国，传统的花园浇灌控制器已经有上百年的历史，由于很多大房子（House）都配备有足够大的庭院，这种庭院大到无法每次通过人工进行草坪和花卉浇水，简易的方法是在每个需要浇灌的区域安装上一个浇水的喷头，供水管线埋入地下，并将这个喷头安装上控制阀门，阀门的控制线集中接在一个控制器上。当需要给花草浇水的时候，通过操作控制器打开对应的阀门即可。传统的手动浇灌控制器经过许多年的改造，现在多数控制器中均配有定时控制驱动软件，用户可以通过设定固定时间浇水来满足日常的庭院浇灌，无须每次都手动操作。用于高尔夫草坪浇灌的控制器大多配备有短距离无线控制器（类似于对讲机），管理员可以坐在割草机上较远距离实现对控制器的遥控操作。

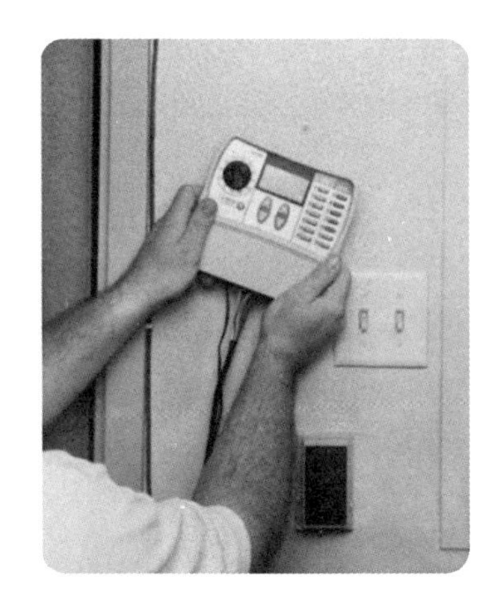

美国家庭业主正在安装花园浇灌控制器

经过近百年的市场竞争和整合，传统的控制器市场逐渐集中到三家企业的手中，一是位于美国加州的Rain Bird（美国人称浇水为下雨，很有趣吧），另一家是美国上市企业TORO公司，这两家公司在园林浇灌领域占有60%以上的市场份额，可以说是当之无愧的老牌公司了。还有一家是澳大利亚的Hunter公司。他们还生产销售园林管理相配套的绝大多数产品，比如水管、喷头、电缆等，浇灌控制器只是他们产品线中的一个产品。初创的IT公司凭什么向这些传统的行业垄断巨头发起挑战呢？我们经过认真思考之后，觉得我们的自主创新应该从两个方面入手发起冲击：首先，应该找到传统手动浇灌控制器的用户的痛点，即用户觉得不好用的地方；其二，发挥新一代移动互联网的技术优势，为传统用户发掘出新的使用价值。以上两个出发点也可以成为我们今后的主要竞争优势。

还有一点必须重视起来，像我们这样的初创科技公司，在美国本土就有很多，他们没有道理关注不到这个产品。我们赶紧到网上搜索了一下，果不其然，这样的公司不但存在，而且还有人做出了样品，正在亚马逊网上试销呢！我们在吃惊之余，发现这些公司起步都在一年左右，没有提前太多，大多是跟我们一样刚起步的科技型公司，能够拿出样品来的有两家。这个结果给我们发出了两个新信号：首先，有新的竞争者就说明我们的思路是正确的，有竞争者才能共同把这个市场做大。其次，这些公司的产品才是我们真正的竞争者，我们在时间上稍有落后，不过，也给了我们一个快速成长的机会，我们需要尽快研究这些竞争对手的产品，争取做出更好的产品，至少做到前两名。

当我们对这个产品的市场有了一个全面的了解之后，心里更有把握了。我们决定沉下心来快速做出产品定义，并开始产品设计。

产品功能与策略

所谓产品策略，就是我们研发的产品投放到市场上，与其他竞争者的产品有什么不一样？差异化和特色在哪里？用户价值又在哪里？一款新产品是否能获得市场欢迎，产品的立意和策略举足轻重。

广义的产品策略包括产品的基本功能点、特色功能点，产品的定价，产品的主打用户群、盈利模式等。

我们的产品策略主要还是围绕用户使用传统花园浇灌控制器的痛点，针对这些痛点进行产品改造和升级。同时，在此基础上打造我们认为独特的创新点。

对于我们这款智能浇灌控制器来说，很显然，第一步需要实现传统产品所具备的基本功能点，即要实现可以通过手动控制操作来实现浇水阀门的开启，可以设置定时浇水计划等。除了这些基本功能外，新产品一定要与移动互联网结合，通过智能手机App软件实现对设备的远程操作，这应该也是一个基本功能点。这些是最容易想到的功能。还会有什么特色功能呢？这就需要我们对使用人群的使用习惯和需求做更深入的研究分析，并发现用户期望改善的地方。

我们公司的几个合伙人都有长期在美国生活的经验，浇灌控制器也都经常使用，因此，对于这类传统产品的缺点深有体会，改进起来也就有的放矢，无须再通过大量外围市场调研收集信息走弯路了。

传统的产品由于市场集中度相对较高，因此产品更新缓慢，传统厂商甚至对自己产品的缺点视而不见，例如以下几点：

1. 手动设置操作繁复，尤其对于家庭主妇，较难使用。

2. 停电后所有设置会失效，需要重新设置一遍。

3. 下雨天会照常浇水，浪费水资源。

针对以上这些用户最痛恨和关心的问题，我们需要通过产品创新给予完美解决：

首先，新一代智能浇灌控制器采用云服务技术架构，不再是单一终端设备，智能控制器通过与Wi-Fi路由器的连接，可以接入互联网云服务。这样一来，用户的所有设置都可以保存在云服务器上，用户的设置信息永远可以与设备保持同步，不会再出现需要一再重新设置的问题。

其次，新产品可以通过智能手机App进行设置和操作，用户无须再在现场进行设置，手机App可以做成体验更好的用户界面。产品从此由一件工业控制设备演变成一件让人乐于使用的有亲和力的智能电器产品。

有关下雨天控制器依然浇水的问题，理论上，在技术层面有很多解决方案，比如采用接入雨量传感器的方案。这种方案是在墙上安装雨量传感器，以模拟目前的土壤湿度，当土壤湿度不足时再启动浇水开关。另一种是在土地上安装土壤湿度传感器的方案，但是成本相对高昂，维护成本较高。

更先进的解决办法是根据当地最近的实时天气结合浇水算法，以决定当前是否需要浇水。由于我们的新产品可以接入互联网，因此，设备获取全球的实时天气和雨量数据变得易如反掌。采用基于天气预报数据的用水算法不但成本低廉，而且几乎不存在周边设备维护成本，是一个颠覆性的互联网+创新功能点。

实际上，随着我们对花园浇灌用户行为研究的深入，我们还加入了几点激动人心的创新点：

1. 对于不同的植物来讲，不管天晴还是下雨，它们所需要的水量是千差万别的，不光是雨天不浇水这么简单，因此，要想让用户更容易照顾他们的花园，提供不同花草的精细化用水建议是必要的。

2. 一栋房子并不都是主人在照顾花草，在西方国家，很多业主都有请园丁帮助打理花园的习惯，如何让园丁也可以通过他的手机来控制主人授权的控制器就显得很有必要。

3. 对于养花发烧友来说，智能浇灌控制器无异于一台单反相机，他们不光要将花养到有成就感，其实也想有一个喜悦分享的平台。在这里，可以分享他们种花的快乐，分享他们的成功经验，用快捷的方式获取他们想要的与种植相关的知识和信息。

有关产品的策略，还有一个方向性选择的问题。既然我们是一件创新的物联网产品，那么，我们的产品应该首先给用户带来什么样的印象呢？是选择完全突破传统的高科技产品形象，还是兼顾传统产品功能，依然保留传统的手工设置和操作功能的形象呢？

在经过仔细考虑后，我们选择了后者。主要原因是，在美国有House的人群才会使用这个产品，考虑到浇灌控制器的使用人群偏向于35岁以上人群，对全新操作方式的产品有一个接纳度问题，完全不兼容传统操作方式的产品存在接受度偏低的风险。

启动设计

在题目选定后，我们就要开工啦！

万事开头难，先从哪里开始呢？

根据我们以往做产品的经验，先要制定好技术方案，并按硬件和软件两个方向做计划，先解决不确定性的技术问题，然后开始逐步汇合，最终形成产品基本模型。形成产品雏形后，再进行修改完善，最终生产出符合市场需求的产品。

无论将我们即将研发的新产品归为物联网产品还是互联网+产品，归根结底，它都应该是一个IT产品，不再是传统意义上的浇水控制器。从这个意义上来说，这个产品的外延已经大大拓展，研发的方式也与传统的产品有很大的不同。新产品的核心不在终端硬件，软件系统才是重中之重。将软件系统设计好了，这个产品才会有竞争力，软件的背后才能带出数据和服务的价值。因此，这个产品的设计应该先从软件架构入手进行系统设计，然后才是硬件终端的设计。

按照我们的设想，这个新产品应该是一个移动互联网架构的系统产品，用户通过手机是可以对设备进行远程操作的。既然要做到在全球任何一个地方都能够远程操作设备，那硬件设备就一定要有连接互联网的能力，同时，手机App客户端通过云端服务器与设备交换信息，实现远程控制。这样一来，我们就必须构建一个云服务系统，以满足设备的数据交换和用户设置信息的存储。

我们的系统结构图可以用如下示意图表示：

智能浇灌系统云服务架构

软件系统架构出来之后，我们就可以将整个系统的软件部分划分为三块：云服务软件，手机端App软件，设备端嵌入式互联网软件。

除了软件系统外，我们还要对硬件功能进行定义，并实现硬件部分的设计。

产品雏形

对产品有了一个整体概念后，我们的首要任务就是尽快做出一个演示版来，以验证我们的设想。产品演示版是一个概念性的产品，这个阶段的产品设计只挑最重要的做，不求产品有多完善，主要的目的是用演示版产品来验证我们的想法在技术上实现的难度和可行性。

首先，我们可以通过演示版的研发解决技术上存在的重大问题；其次，也可以通过演示版的试用发现我们没有考虑周全的地方。

对于一个互联网+产品来说，我们以前从来没有过成功的经验，的确是一个不小的挑战，好在互联网软件我们还有些经验。浇灌控制器我们以前连听都没有听说过，这可怎么开始？

我们的办法还是先寻找可参考的资源。很幸运，我们在国外的网站上找到一个类似实验室的产品，可以零售购买到，我们很快就拿到了样品。没有别的办法，最笨的办法就是边学边做。

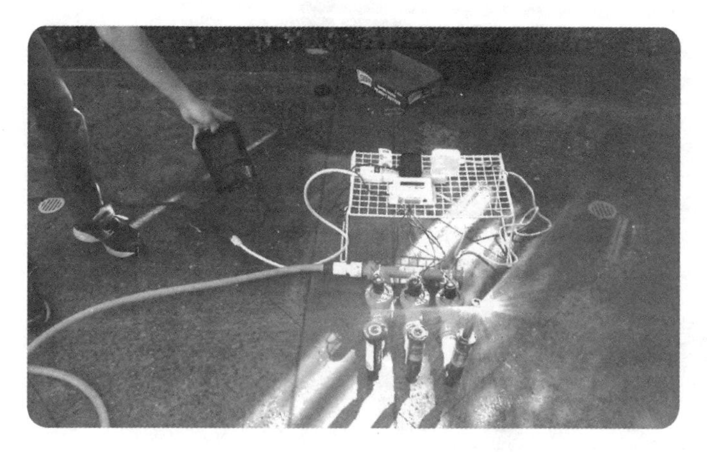

合作伙伴正在美国家中测试雏形产品

演示版要达到什么效果呢？首先，应该是能够实现手机访问我们要做的这台设备；其次，最好是能够通过手机在中国操作美国的这台设备，而且能够喷出水来，如果能够实现上述功能，我们的任务就算初步完成了。

经过艰苦的摸索和试验，结果跟我们预期一致。当我们用手机操作在美国加州花园里安装的样品，自来水喷涌出来的那一刻，办公室沸腾了！记得我们还专门用平板电脑录了好几个视频。虽然这只是在技术上获得了一小步的突破，但在我们创业进程中，算得上是关键的一大步，给了我们极大的信心。

第三章　市场定位

作为一名技术出身的创业者，我总是喜欢从技术层面入手分析问题，探讨产品方向，这是一个思维习惯。但是，产品的最终目的是给用户使用，市场是否成功才是检验一个产品是否成功的唯一标准。因此，市场做得好与坏也是一个产品是否能够成功的决定性因素。作为创业者，不仅需要高度重视市场，而且有必要针对自己研发的产品的市场前景认真分析，并制定出切实可行的竞争策略。

行业现状

在很多发达国家，喷淋控制系统是自动化浇灌的必备组件。一般说来，每个家庭花园都需要配备一个喷淋控制器，社区、花园和高尔夫球场可能配备多个喷淋控制器。

在该领域的市场上，主要的竞争者有Rain Bird、TORO、Hunter 和Orbit，前两家传统的老牌生产商占据60%以上的市场份额，市场集中度相当高。传统的老牌厂商在该领域经营数十年，已经有很深的根基，初创的IT公司想要在短时间内撼动这块市场，难度可想而知。但是一枚硬币总有正反两面，从另一个角度看，也有有利的一面，由于该市场很长时间被两大传统巨头把持，因此产品竞争平缓，再加上没有新的竞争者加入，从而导致产品的更新缓慢。巨头们对于自己产品的弱点和不足视而不见，并不急于改进，甚至产生了产品改进惰性。这恰恰给创新公司加入竞争提供了一个绝妙的突破口。

在美国有很多连锁的家居卖场，比如Home Depot、ACE 和Lowes，传统的喷淋控制器大部分通过这些传统卖场售出。

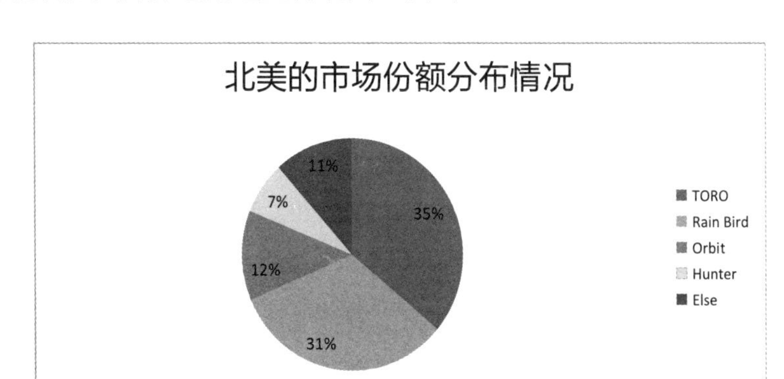

喷淋控制器北美市场份额分布图

在美国西部，花园浇灌控制器的市场规模相当巨大，绝大多数家庭都会在花园中配备一台喷淋控制器。在西方主要工业园、农业和市政园区全部使用浇灌控制器进行植物养护。

中国北方地区的高收益农业和大城市的绿化已经有很多使用了手动喷淋系统，这些都是潜在的巨大市场。

随着云计算技术和物联网技术的日益成熟，家庭电器设备的智能化正成为不可改变的趋势，作为智能家居的一员，浇灌系统自然也要走上智能化的发展道路。目前这项技术发展才刚刚起步，国际市场上还没出现大的智能喷淋设备制造品牌，即使在网上找到，也是功能少，价格高。有零星的基于Wi-Fi浇灌控制器产品在亚马逊和其他一些电商网站上销售，最低售价一般在249美元以上，这些产品大多由刚刚起步的公司开发和试销。

目前我们的市场调查并没有找到理想的无线网络浇灌控制系统。普通用户对于这样的智能设备带来的便利和价值可能还没有多少感觉，使用方便的设备在市场上以合理的价格出现后，其易用性将会迅速引起家庭用户的关注。

了解完传统厂商后，再来看看创新厂商。实际上，随着移动互联网的蓬勃兴起，跟我们一样的初创企业肯定大有人在，他们目前的状况又如何呢？我们专门花了很长的时间进行研究，结果发现，在我们启动项目之初，新兴的竞争者存在，但是数量较少，能够看到有两三家的试销产品冒了出来。然而仅仅是试销产品而已，并没有量产。这从产品的外观、销售量以及销售的方式可以判断出来。实际上，还有一两家只是在亚马逊上预售的，根本没有批量生产出来产品。

很显然，花园浇灌智能化是一个待开发的新兴领域，市场刚刚起步。市场分析表明，参与这一市场的传统控制器企业，如Rain Bird，还未启动智能化研发。我们的直接竞争者均为美国新成立的创业公司：Skydrop、RainMachine和Rachio等，这些公司也刚刚起步，由于新兴产品均没有实现量产，因此成本都不低，售价普遍比较高。

目标客户

拥有House的私家花园业主、被雇用的园丁。

目标年龄段：30—60岁。

性别：侧重男性，兼顾女性。

使用习惯：大多数已经拥有或使用过传统浇灌控制器；倾向于设置每周一、三、五或二、四、六凌晨自动进行浇灌；兼用手动设置和手机App操作；有担心网络中断时设备能否正常工作倾向；喜欢查看设备工作历史记录；有设备授权给雇佣园丁进行子账户管理设备的需求；在乎安全性和私密性；希望设备能自动节水；倾向于简单易用，一切尽在掌握；等等。

创新改变世界

创新改变世界。“Think Difference!”这是乔布斯的名言。专注于产品创新，直达用户的内心，是最有力的市场武器。

那我们的团队究竟能给用户带来怎样摄人心魄的创新点呢？这还要从用户的使用场景找答案。

对于产品的目标用户来说，也存在不同的人群：大量的用户会因为工作忙而无暇打理自己的花园，他们渴望找到一种快捷的方法，对花草有一种自动有效的管理办法。而另外一些人恰恰把花草种植养护作为一项很有乐趣的事情来做，他们平时会花费大量的时间寻找花草种植的相关知识和信息，同时也愿意将自己的乐趣跟朋友分享。

总的来讲，无论是哪一类人群的用户，他们都希望产品既好用又省力。

经过反复讨论，我们认为以下几点应该成为我们创新的着力点：

1. 设备通过传统的手动和智能手机App均可操作，智能手机可在全球任意地点查看设备工作状态并操作设备。

2. 结合智能浇灌控制器所在地的天气预报以及历史数据，优化当前植物用水量，达到优化节水的效果，并可以实时反映已经消费的水量。

3. 因为水费较贵，国外用户需要精准的植物用水数据服务。

4. 可以通过控制器操作软件衍生出植物养护互联网社区。

5. 聚集花卉养护垂直行业用户，可进一步延展打造垂直花卉种植相关的电商服务。

以上创新点由浅入深，由点及面，涉及一个产品的不同市场层次。首先是将传统产品的痛点通过互联网+的方式获得解决；其次，移动互联网的体系可以将传统的控制器升级成一台完全互联网智能的设备，具有传统设备完全没有可能实现的优异节水性能，给用户带来从未有过的价值体验；最后，通过产品的销售和用户的积聚，进一步实现数据服务和信息分享社区，在提升用户产品使用体验的同时，拓展用户的体验空间，带来更大的用户价值。

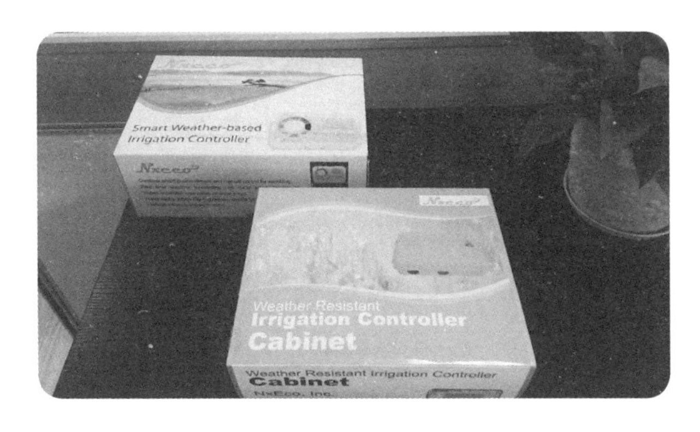

产品包装外观

盈利模式

对于绝大多数互联网企业来说，最初都不指望通过产品盈利，而是期望通过用户数量的增加来增加企业的估值。

在传统行业中，“羊毛出在羊身上”是一条颠扑不破的真理。卖一件衣服必须得挣20块钱，卖一袋大米必须得挣15块钱，这笔生意才算成功，后面才能做得下去。

互联网行业从一开始就完全颠覆了这条“真理”！几乎所有成功的互联网行业的公司首先追求的都是用户量，而不是产品本身的盈利。不但不追求产品本身的盈利，甚至有大量的企业主动贴钱买用户量。比如，团购网都是在主动贴钱给下单用户，让用户有足够的甜头和优惠，来增强平台的吸引力。用户每下一单都可以获得金额不等的现金券，所谓的“剁手族”经常可以实现零费用团购，不花钱吃饭。

再比如，打车App全国大规模撒钱拦客已经不是什么新鲜事了，网约车司机通过接单补贴，可以获得比平时不用叫车软件多一倍的收入，很多白领上班族更是通过赠券免费乘车上下班。

互联网企业奉行“羊毛出在牛身上，猪埋单”的商业哲学。所谓“羊毛出在牛身上”，这里的牛是指企业的投资人。投资人看好项目，最初不求回报，投入资金和精力对企业和产品进行培育，养大企业。最初的产品大多通过免费试用或免费使用送到用户手中，这些资金的来源均需要最初的投资人掏腰包。当一个产品获得大量的用户认同，并开始扩大市场，这时候，企业产品开始走向成功，企业甚至进入资本市场进行融资，股票市场的投资者开始为企业的未来埋单。所谓“猪埋单”，即指股民为企业未来预期埋单，尽管这个时候互联网企业根本没有通过自己生产的产品或服务实现盈利，但是，投资人已经通过资本市场获得了丰厚的回报，企业也获得了充足的后续发展资金储备，产品短时间内是否盈利已经无关紧要。

作为一个全新的物联网产品，我们该选择什么样的商业模式呢？实际上光送产品而不收钱对于一家初创企业来说，意味着持续不断的投入，我们根本不具备这样的持续投入能力，如果希望具备这样的能力，就需要获得大额的风险资金的投入。是否能够成功引入风投存在偶然性，我将在后续的章节谈到。而如果完全沿用传统的卖设备商业模式，完全通过销售终端硬件产品获得用户，用户数量的发展势必极其缓慢，很可能将市场拱手让给竞争对手，错失大好的发展机会。

对我们这样的公司来说，比较现实的做法是，在早期的市场，采用部分产品试用或低价格吸引用户的方式进行快速市场推进。

这的确是我们的市场策略。不过，当我们开始启动市场的时候，获得了一个千载难逢的市场环境。由于美国中西部近年持续干旱，美国政府颁布了一项有关节水的补贴政策，所有通过EPA（美国环境署）节水认证的产品均可以获得大额的政府补贴，花园浇灌控制器自然也在这个补贴范围之内。美国各州的补贴金额略有差异，一般都在200美元左右，这个金额远远超出了我们的硬件生产成本。因此，我们只要通过这项节水认证，所有的硬件产品均可以白送给用户，之后还有盈余。我们真是太幸运了！

很显然，通过EPA节水认证成为企业初创阶段压倒一切的工作任务。

以上我们只探讨了终端硬件设备如何盈利的问题，既然我们是一家互联网+的公司，长远来看，不能光靠设备盈利，而应该慢慢转向数据和服务盈利，因为硬件的增长是有限的，数据和服务的成长将更为广阔。

在最初的市场启动后，我们又规划了几条数据和服务产品线，盈利模式自然也跟硬件产品的盈利模式有较大差异。

探讨产品的商业模式是一个痛苦的修正过程。根据我们最初的设想，我们至少可以通过浇灌控制器衍生出以下几个产品和利润点：

室外智能产品

产品描述：我们针对传统的家庭室外电器产品，通过自主研发和技术创新，实现设备与移动互联网的结合，并给用户带来智能家庭产品体验，同时，对产品的节水和节电性能进行提升和认证。通过中国低成本研发和制造，并销售到全球市场的模式，创造产品的高毛利润率。

商业模式：采用硬件免费，搭乘政府节水、节电补贴的政策方式，获得政府补贴返现，实现现金流和利润，并由设备终端的用户增长实现软件服务增值。

根据预测，美国西部将长期缺水，美国西部以及其他缺水地区政府针对智能节水产品提供大幅节水补贴，补贴金额远远超过我们智能浇灌控制器成本（生产成本约为25美元）。例如，美国南加州洛杉矶县每台设备补贴100—250美元，美国南内华达州每台设备补贴可达到200美元，硅谷300美元，美国其他地区平均补贴金额在180美元左右。

我们每销售一个智能浇灌控制器，净利润为100—150美元。另外，还有9.99—19.99美元的数据收入。

垂直互联网社区

产品描述：花卉养护分享社区以家庭花园植物养护为立足点，以植物养护体验、经验、成果、方法为分享主题的移动互联网社区，用户免费下载App移动客户端即可通过手机上传照片、短视频，也可编辑短文发送到社区云端，其他用户即可获得这些分享的信息，用户之间甚至可以通过一对一的社交方式进行花卉养护乐趣交流。

我们将通过用户上传素材的整理编辑，将最时尚、最有吸引力的图片和短视频内容推送到最前端，让用户获得最好的分享体验。

同时，我们会推出适量的具有商业目的的分享内容，以获得广告收入和佣金收入。

商业模式：通过垂直行业用户社区群以及产品粉丝群的培养，获得最好的产品体验群体，同时带动信息服务广告收入。

室外生活 O2O 服务

产品描述：在北美、欧洲和澳洲，传统的家庭室外生活相关的服务包括：花园养护配套采购服务、短期临时雇佣（例如：草坪修剪、水管维修、电器设备维修）、室外专业服务雇佣（例如：花卉专业养护、花园设计与施工）等。室外生活O2O服务就是要将这些与家庭室外生活相关的传统服务移动互联网化，让用户获得更好更快捷的信息服务。

用户通过线上搜索、线上购买等互联网方式，迅速获得家庭花园配套产品购买信息，并可获得App在线支付、快速配送等服务。

提供短期临时雇佣服务的用户可以通过申请获得服务会员资格，需要服务的用户可以通过O2O平台迅速匹配到最合适的服务，甚至可以通过即时交互软件工具实现详尽的洽谈。

商业模式：服务提供方与需求方通过O2O信息服务平台获得快捷安全的信息服务，平台获得服务佣金和付费管理收入。

水消费大数据服务

产品描述：智能浇灌控制器所有的用户数据和水消费数据均保存在云端，同时，我们在一定范围内提供开放给第三方的数据服务接口，用户通过这些数据接口，获得本地区或全部的水消费行为数据，该服务主要的用户群为商业企业、研究机构和政府部门。商业用户需要对居民的室外水消费行为进行调查、研究、跟踪、决策；另外，我们也提供水效率合同管理产品，配合潜在的商业需求。

商业模式及策略：我们提供数据接口服务、水效率管理服务，为用户提供数据服务和合作型的辅助管理服务，通过服务合同的方式获得服务订单和收入。我们也提供付费管理，有相应收入。

竞争策略

已有的两三家类似的初创公司已经陆续出现了新产品的试用产品，可以预见还有很多初创企业在偷偷瞄准这个市场，只不过目前还没有冒出来。我们应该制定怎样的竞争策略才能获得竞争优势呢？

我们的产品要有国际品质水准才可以在国际舞台上展开竞争。

在浇灌控制器领域，有两个细分市场，一个是家用市场，另一个是商用市场。商用市场对产品的技术参数以及安装服务都有更高的要求。对于我们这样的初创公司，在该行业根基未稳，优先聚焦于家用产品领域是更好的选择。

有硬件终端的互联网+产品，硬件的成本在竞争中是一个相当重要的因素，我们的研发和硬件生产在中国，相对来说有得天独厚的成本优势。

因此，我们最重要的一条竞争策略即是，中国创造全球销售的优势策略。

第四章　技术研发

一个产品的诞生总是从研发和技术开始起步，一个市场想得再好，需要技术一步步实现。同时，技术实现的优劣直接影响到产品的成本和性能好坏。

技术方案

人生无时无刻不面临着选择，做产品也是一样。

前面我们已经谈到，物联网产品通过传感器进行土壤湿度监测的案例很多，也都是常规的技术思路。我们在参考了竞争对手的基本技术方案之后，技术团队一致认为，通过基于天气预报数据算法决定植物的用水量更为科学和实用，更容易维护和产品化，同时与我们的背后大数据的数据服务产品策略不谋而合。

对于物联网产品来说，技术方案包括硬件技术方案和软件技术方案。智能浇灌产品的本质是一个移动互联网产品，因此，在软件技术方案上，肯定需要按照移动互联网的技术架构进行设计。

对于传统的互联网开发人员来说，说到硬件多少都会有些许畏惧感，首先是不懂硬件，其次是硬件的研发方式与软件的研发方式差异非常大。如何制定出融合硬件与移动互联网的一致性软件系统是一个不小的挑战。说句实话，就在5年前，我还不知道硬件为何物，不过，经过最近几年对物联网产品研发的深度参与，我已经对硬件产品的研发周期、技术难点以及硬件设备如何与移动互联网无缝融合胸有成竹了。在人才市场上懂互联网技术的人很多，懂硬件研发的人才也不少，既懂硬件又懂互联网软件的人才就不太好找了。在这点上，我们相比大多数互联网团队也算得上具有一点小小的优势吧。

智能浇灌控制器电路的基本原理其实并不复杂，即是通过阀门接线头的高低电频的改变，将电动阀门的旋钮开启，喷头则通过水流的自然压力获得压力水流，从而实现喷水浇灌。为了兼顾传统的使用习惯，这些基本电路的原理无须改变，但必须运用我们的自主知识和技术进行突破，实现创新，形成我们自己的技术产品。

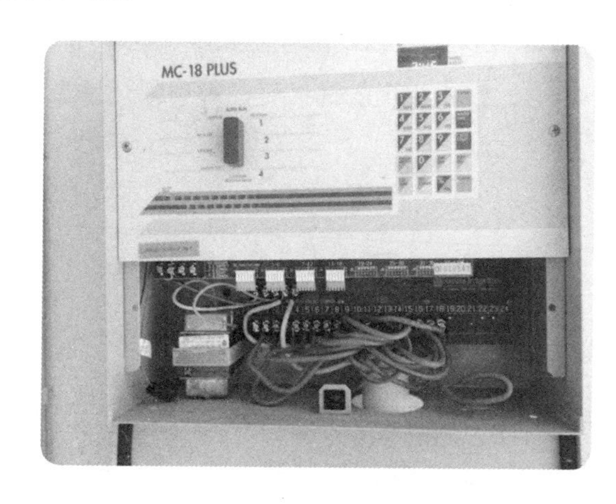

传统浇灌控制器的硬件终端

我们需要增加的是接入互联网的电路和软件方案。对于一个物联网设备来说，如今有很多种接入互联网的方案，前面提到的ZigBee方案是通过一个网关接入互联网。这种方案对于在一个局部区域内有多个设备需要接入互联网的需求会比较经济。另外一种方案是Wi-Fi单点接入方案，市面上这种方案已经是压倒多数的方案。Wi-Fi方案的最大好处是，家庭无线路由器已经全面普及，用户安装新产品后，无须再购买网关或是信号收集器。在使用经验上，如何配置路由器密码普通用户早已耳熟能详，无须高昂的教育成本。

要在新产品上实现Wi-Fi无线互联网接入，需要我们独立思考，自主创新。我们在原有的电路架构上增加了一个Wi-Fi模块，该模块负责连接无线路由器，进而接入互联网，电路板上原有的处理器（在单片机系统上叫MCU），需要与Wi-Fi模块进行通信，以实现互联网访问能力。这里面其实有一个重要的问题，那就是我们用什么样的处理器。传统的设备因为都是实现一些基本的电路控制功能，采用单片机系统已经能够满足要求。我们现在除了要实现基本的控制功能，还要实现更为复杂的互联网功能，单片机能够胜任吗？在我们的手头，大量的互联网产品已经进入ARM处理器时代，处理能力是以前单片机的成千上万倍。像智能手机就是一台典型的互联网设备，ARM的硬件成本也已经很低了。

在决定用哪一种硬件平台之前，我们得先考虑几个因素：

1. 我们团队的硬件设计能力和经验如何？如果完全摒弃传统电路的设计，我们是否有能力另起炉灶，设计出可靠的（这是硬件设计的关键点）由ARM架构的控制系统？

2. 单片机的嵌入式软件相对简单，而ARM处理器如果想用带嵌入式操作系统的方案，软件开发流程相对复杂，我们团队有能够胜任的开发人员吗？产品研发方案复杂就意味着成本高企。

在我们准备启动第一代产品研发之前，新的团队刚刚组建，以适应互联网+产品的技术方向。之前开发移动端App软件的人员太多，熟悉系统架构、硬件嵌入式研发以及云服务开发的人员几乎没有，我们需要迅速进行人员结构调整。基于以上两点思考，我们决定将新产品的目标定位快速开发出第一代产品为当务之急，至于功能，可以在后续的产品设计中进一步完善，获得用户反馈后的方案调整会大大降低风险。因此，我们在试验可行性的基础上，仍然选择了单片机作为我们第一代产品的处理器。这样一来，电路设计就有据可循，是一种微创新，不会有大的风险。

选定处理器后，新的问题又来了。Wi-Fi模块很多人都熟悉，但是用在单片机上的Wi-Fi模块就很少有人熟悉。原来，单片机的处理速度较低，只能通过串口与Wi-Fi模块进行通信，不能像电脑或智能手机一样进行高速数据交换。说白了，需要一种特制的低速Wi-Fi模块，这种模块要到哪里去找呢？感谢电子商务时代！电子商务使我们找寻配件的周期大大降低，我们在不长的时间就找到一家创新型企业生产的Wi-Fi模块，是专为智能家居这类设备设计的，太好了！看来先知先觉的创业者不在少数呀。

到我写本书的时候，不但有很多企业生产了不错的专为智能家居产品配套的串口Wi-Fi模块，甚至有一家模块企业被百度战略投资成功收购，火起来了！

硬件方案确定下来之后，接下来要考虑软件方案。硬件端的嵌入式软件随着硬件架构的落定，也就同步决定下来，采用单片机嵌入式实现功能即可。重中之重是云服务软件，以及云服务、嵌入式和手机App软件三者之间如何协同工作。

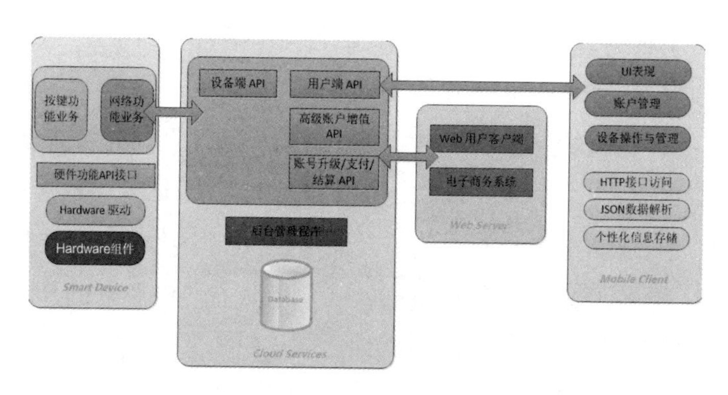

系统架构示意图

在物联网产品中，云服务组件无疑是一切的核心，借鉴传统的互联网架构，系统有两种设计方法：

1. 云服务的每块功能需要定义出独立的接口，供第三方调用，这样的设计方法可以实现并行设计和调试，互不影响，有利于共同推进，缩短开发周期。

2. 云服务一般分为准实时系统和非实时系统。像很多网络游戏由于需要反应迅速，接近于准实时系统，这种系统都采用直接通信的TCP方案；而非实时系统，像电子商务网站这样的系统则直接采用现成的HTTP服务器即可。

HTTP服务器的性能已经久经考验，可以承载大量的并发，不像TCP服务器需要根据自身的产品要求进行订制，对系统研发人员的要求很高，而且面临高并发和网络连接方案的诸多复杂方案选择。给植物浇水作为一项非激烈控制产品，并不要求很高的控制实时性，只要在用户能接受的响应范围内响应即可。因此，在权衡上述云服务方案利弊后，我们的第一代产品选择了HTTP服务器作为我们的云服务器系统。

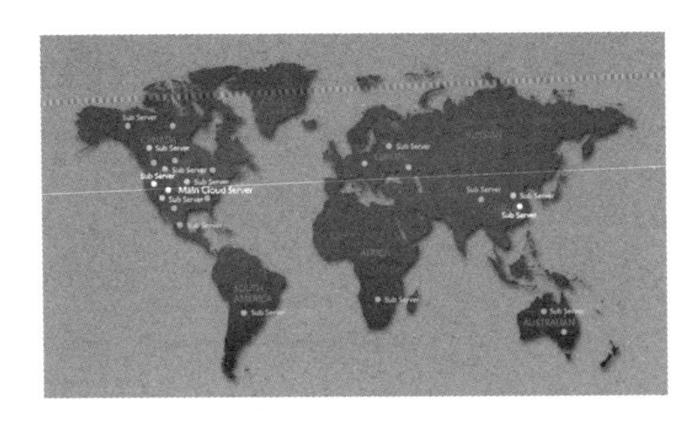

云服务全球机房配置设想

Web、Android 与 iOS

移动互联网产品就必然要涉及Web客户端、Android客户端和苹果的iOS客户端，这已经成为所有互联网产品必须具备的技术界面。Web客户端主要是给用户提供在网页上对设备进行操作的方式，Android客户端是给安装有Android操作系统的手机用户提供操作，iOS客户端主要是为iPhone和iPad的用户提供访问设备的方式。这三种软件客户端技术差异很大：

Web客户端采用HTML语言和JAVAScript网络语言进行开发。

Android客户端采用JAVA语言进行开发。

iOS客户端则要采用苹果公司提供的Objective C语言开发包进行开发。

在一个技术团队中，这三个客户端很可能需要找三类不同的技术人员进行开发，因为他们很难一个人掌握多项开发语言技术。

值得欣慰的是，由于我们采用了模块彼此隔离的接口开发设计方法，这三种客户端在开发的时候都应该遵循同一套云服务接口，这样才大大简化了我们的开发工作量。

硬件与软件

硬件工程师和软件工程师是完全不同的两种思维，差异很大。如何将硬件和软件糅合在一起，做出一款优秀的互联网+产品，值得探讨三天三夜。

硬件研发需要的资源、方法跟软件研发完全不同，这也是我进入物联网行业以后才清楚的。硬件工程师大多数有电子工程背景，他们的思维往往是直线型，如果让硬件工程师开发软件，硬件工程师的思维会偏向于线性或一步步的过程型。而随着软件技术的飞速发展，软件技术变得越来越复杂，而且分支众多，精通所有的软件技术变得相当困难。就拿软件中的多线程技术来说，很多硬件工程师就较难理解，他们习惯于一件任务从头到尾执行完毕才会执行第二件任务。同时执行两件以上的任务，对于那些长期开发单片机的硬件工程师来说，是很难理解的。

要想做好硬件产品，我们得先了解硬件的基本工种有哪些。类似我们要做的这种智能控制类产品需要的硬件设计工种为：

1. 电路设计工程师，负责电路的设计。

2. 结构设计工程师，负责产品外壳和塑料件、金属件的规格、形状设计。

3. 驱动软件设计工程师，负责让硬件工作起来的软件设计。

4. 硬件测试工程师，负责产品样品的元器件性能及软件功能测试。

以上工种是在设计阶段要用到的工种，进入生产阶段后，还需要以下工种配合才能获得完整的产品：

1. 硬件采购工程师。

2. 电路焊接工程师。现在大多数产品都可以上贴片机，但是有一些还必须手工焊接。

3. 组装工程师。

4. 质量检测员。

5. 包装人员。

从上面内容可以看出硬件从研发到生产需要的工种很多，可以想见过程是很复杂的，并不比开发一套软件简单多少。因此，对于我们这种物联网产品来说，研发一款产品无异于开发两款软件产品的工作量，一半是海水，一半是火焰。

话又说回来了，尽管硬件需要的工种很多，然而，我们也可以将研发和生产进行分离管理，对于轻资产的创新型公司来说，是绝对不应该自己去做硬件生产的。通过外包方式进行委托加工生产是一种很好的选择，自己只需要控制最核心的部分——设计和品质控制即可。

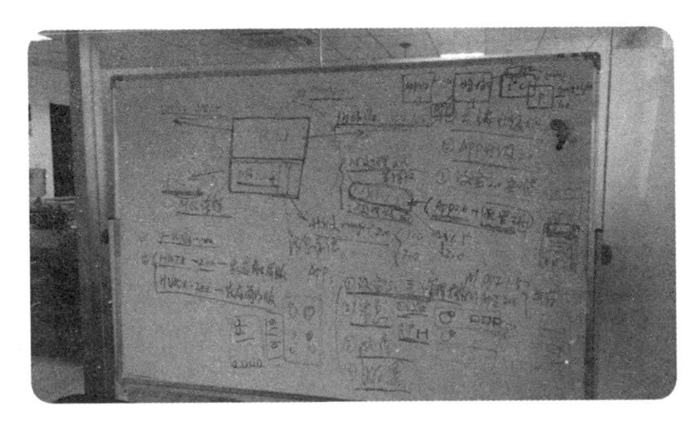

团队软件系统设计板书

软件研发所需要的工种也不在少数，包括：

1. 系统工程师或系统架构师。该岗位负责云服务系统搭建，相应的技术人才成本较高。既然我们是技术出身，完全有能力自己把这个岗位扛下来，能省一点儿是一点儿。

2. 云服务系统开发工程师。

3. 数据库开发工程师。

4. Web前端开发工程师。

5. 移动端Android App开发工程师。

6. 移动端iOS App开发工程师。

7. 软件测试工程师。

8. 美术设计人员。

跟硬件研发相比较，你会发现软件研发需要的工种更加复杂。

招兵买马

清楚我们需要什么样的技术工种后，下面就可以尽快展开团队的组建工作，为产品的诞生争取时间。

笔者有过几次从0到1搭建研发团队的经历，也积累了一些带研发团队的经验，在此与读者一起分享。

IT人才流动快、没有耐心、薪水高企是用人企业的共识。组建一支全新的研发团队首先目标要非常明确，人才不是越高端越好，适合自己的才是最好的。对于初创公司来说，招聘人手其实是一件很棘手的事，因为大多数年轻人都有从众心理，喜欢往大公司走，工作经验在5年以上的年轻人更是如此。而作为初创企业，又不可能招聘很多有经验的“能人”为企业所用，究其原因，是因为有经验的技术人员待遇要求偏高，创业公司无法承受。

在组建一个新的研发团队时，我通常的做法是有经验的人才和经验欠缺的人才进行搭配，先招聘有经验的人员，选出小组主管（Team Leader），搭出Team框架，然后，再根据各组主管的能力情况，搭配新聘组员，或经验稍欠缺的组员。这样搭配之后，整个团队的整体成本就下降了，采用师傅带徒弟的方式，工作效率也很高。

组建软件团队有一点非常重要，那就是考虑人员备份。软件人员的工作成果就是一堆逻辑思维代码。在日常的研发管理中，留有详尽的开发文档是必要的，但是，当有人员变动的时候，依然不能完全解决问题，文档不可能写清楚每一个细节。因此，小组成员成对地工作就显得很有必要。两个人共同完成一个项目，不但有利于代码的健壮性，对于产品开发细节的完整继承也至关重要。

通常来说，两个人同时离开一家公司的概率是一个人离开的20%以下，因此，成对工作的组织形式大大降低了产品研发因为人员变动而失败的风险。

组建团队还有一个重要的问题需要探讨，那就是全部的事情是否都需要由内部团队人员完成？还是将公司的业务分为核心业务和外围业务，团队成员只负责核心业务，非核心的工作由外围团队完成，公司内部只负责外围团队的对接和质量的把控？

这是一个方式选择问题，全部业务由核心团队完成的最大好处是可控性强，可以发挥团队的向心力优势。缺点也是显而易见的：很多业务并不需要常年的专职人员来做，像外观设计人员等，一次性做完，可能下一次任务出现需要很长时间。因此，如果全部招聘员工来做，不但不一定能找到很合适的员工，而且容易导致运营成本居高不下。是的，创业公司处处都要计算投入产出，计算成本会成为所有创业者的一个思维习惯。

研发的多环节

纯粹的互联网产品，只要将互联网技术转化为软件产品即可，而互联网+产品则不同，互联网技术只是其中的一个环节。拿我们研发的产品来说，除了传统的互联网软件，还有一半属于硬件技术，因此研发的难度大大增加，尤其对于资金投入极其有限的初创企业更是如此。从这个意义上说，“做物联网产品是最笨的互联网创业方式”这句话的确有几分道理。

硬件产品的研发意味着需要有一整套的硬件开发流程，这对于出身软件的我来说，很多东西都需要从头开始学。硬件产品研发知识相对于软件和互联网来说，更新相对要慢一些，但近年来发展也很迅猛，比如，触摸屏就是近年来才有的硬件技术，不光规格繁多，光触摸板就有不同的工艺和材质供选择，传统电子产品研发的技术人员也未必都熟悉，何况像我这样的软件人，就更要与时俱进了。互联网+产品的研发不光是复杂于多了一个硬件的研发团队，硬件与软件如何完美结合成一个产品更是一项有难度的挑战。研发项目的管理，说白了就是如何合理安排和推进，不合理的研发安排往往浪费大量的投入，导致研发成本很高。在产品研发过程中，是否能合理安排进度，各工种之间能否密切配合是一个研发管理人员是否优秀的衡量标准，什么应该先做，什么应该后做，都很有讲究。当然，这也需要经验的积累。这也是为什么有经验的技术经理人身价水涨船高的原因——经验是值钱的。

核心与外围

对于互联网+产品来说，需要共同参与的因素众多，参与的工种众多，是否需要全部自己做是一个值得花时间思考的问题。从某种程度上说，现代技术型企业不允许什么都自己做，因为成本不允许。现在行业分工越来越细，也不需要什么都自己做，让专业的人做专业的事，产品才能越做越精，才能形成竞争力。

既然不能什么都自己做，那就要分出什么是自己的核心技术，什么是无关核心的技术，只要外围做配套即可。对于互联网型的公司来说，软件和数据自然是公司的核心资产，但对于互联网+公司来说，硬件的设计也应该是公司的核心资产。我们只要掌握了这些核心资产即可，不需要眉毛胡子一把抓，其他的东西交给专业的配套公司来做。比如，硬件电路板加工不需要自己做，专业的电路板厂已经形成完善的生产线，也有高品质的厂房和品质保证体系，我们可以放心地交出去让他们来做，实际成本还大大降低。这是轻资产的运作模式。

烧砖还是买砖

做一款产品就好比盖一栋房子，是自己亲自烧砖砌墙还是直接买砖砌墙，是一个很有意思的选择。物联网产品是一个系统工程，每个子系统都有一套体系，如果事事都从头做起，几乎是不可能的，也完全没有必要，对于一家资源有限的创业阶段的公司更是如此。

做一个产品和盖一栋房子非常类似，需要用到很多技术，但产品的竞争力往往并不在于技术多先进，而在于是否解决好了用户的难题。对于一家公司来说，只要掌握一项核心技术就足够了。这听上去有点儿像系统集成商。不知道你注意到没有，绝大多数成功的高科技公司和互联网公司都是系统集成商，只不过系统集成有优劣之分而已，分水岭在于对需求的把握和产品的设计。这里，十分重要的是在尊重知识产权前提下的合成加自主研发。

拿百度公司的产品来说，互联网开发技术并不是他们的独特技术，本身是成熟的开放技术，服务器、数据库基数也没有任何秘密可言。百度公司只有一项核心的搜索引擎算法，并设计了一个符合市场需求的优秀产品，才大获成功。这个案例，对于技术创业者来说具有深刻的启迪。

买砖盖房子的好处是可以缩短开发周期，在短时间内可以迅速完成产品构建。不过不是所有的产品组件都可以在市场上买到。作为一个有市场竞争力的互联网+产品来说，或多或少都会有创新元素，这些创新的元素在市场上是买不到的，这些独有的元素就需要从零开始研发，甚至作为企业的核心竞争力技术。

因此，有关烧砖盖房子还是买砖盖房子的问题，是要根据自己的实际情况进行选择，非核心的技术尽可以买砖，核心的技术或产品创新点建议还是由自己研发，掌握在自己手里更有利。

进度控制

在研发一款新产品之前，先要对产品的研发过程有一个清楚的认识。

对于软件的研发来讲，一般需要经历产品规划、DEMO研发、产品测试版研发、产品试用、功能细节修改、产品测试、正式版发布、升级版本迭代等多个阶段。

对于一个硬件产品研发来说，则要经历产品规划、外形设计、电路设计、外观手板、结构手板、模具定制、样品试制、小批量生产、产品化批量生产等阶段。

一个物联网产品的研发负责人需要协调硬件和软件产品的研发两条线，使他们的进度相匹配，最终融合为一个和谐工作的完美产品。

研发进度的把控需要做好计划，计划要在需求清晰的情况下才能做好。对于一款新产品来说，需求最开始往往不够清晰，让需求清晰的有效办法是在研发的各个阶段尽可能多出样品，团队之间多做讨论和沟通，并在产品开始试销后，多听取用户的意见。

一个项目研发的进度控制得好不好，直接关系到产品的研发成本，在系统规划的时候，需要将一个系统分割成若干个子系统，再将每个子系统分解成可在一定时间内获得研发结果的功能。对于创业公司来说，大多数新招聘来的员工很难达到大公司的素质，对项目的理解力以及执行力都较为薄弱。

在初创企业的团队中，产品经理一定要将产品设计环节中的规划分解成每一个可直观实现的细节，项目才有可能有效推进，这样才有可能在规定的时间内实现既定的目标。一款新产品的研发，产品负责人所付出的心血是不言而喻的。

在我们研发智能浇灌控制器的最初时间里，作为一个既要从全局又要从细节把握产品研发的项目负责人，我很快就根据自己对产品的理解编写出了一个产品研发大纲。在这个大纲中，需要做出产品的详细定义、软硬件的技术选型、实现方法、软件和硬件的对接接口定义等，甚至细到每一个接口应该怎样定义，并给出示例代码。

下表是我们的一个产品规格书样本，以加深研发中团队成员对产品的理解，防止理解出现偏差，少走弯路。

产品功能	美国其他品牌	我们的NxEco	备注
喷淋路数	4–24路	4–24路	第一批产品设计8路，后续增加扩展板
手动定时喷灌	YES	YES	
手动即时喷灌	YES	YES	
手动设置日期/时间	YES	YES	
单路喷灌	YES	YES	
时间间隔喷灌	YES	YES	
参数云端保存	NO	YES	
停电自动恢复	NO	YES	
手机控制喷淋	NO	YES	
Web控制喷淋	NO	YES	
异地遥控喷淋	NO	YES	
节水策略	NO	YES	
天气策略	NO	YES	
用水记录	NO	YES	
个性化服务	NO	YES	

国际竞争

我们产品的市场一开始主要定位在海外，从一开始即是一个国际化的产品，与国际竞争对手在同一平台上竞争，这对我们来说是机遇，更是挑战。

在国际舞台上，与其说是竞争，不如说是一次中国创造与国际创造的较量。产品是人设计出来的，因此产品的竞争首先是人与人之间的较量。其次，物联网产品有软件和硬件，软件的设计需要有国际水准，硬件的生产和制造离不开中国本土的生产工艺，工艺的高下可能会左右产品的品质。在这一点上，我的感触很深，尽管当前很多高层次的国际品牌产品都印有“Made in China”字样，但是对于每一家公司来说，即便国际代工工厂就在你身边，如果我们不进行自主创新，没有掌握先进的设计工艺，也很难生产出高品质的产品。硬件加工工艺五花八门，这需要产品设计人员有国际化的视野和对产品品质的苛求。每个成功产品的背后都离不开企业对产品细节苛求的身影。日本企业领袖稻田和夫在创业之初，即要求每件出厂的产品看上去都是崭新的。看上去很平常的一句话，暗合了企业对产品品质的高标准要求。

谈到国际竞争，主要是在两个层面上的竞争：产品和渠道。首先，产品必须是符合国际市场消费习惯的拿得出手的产品，从技术到外观都要至少跟竞争对手在同一水平上，还要完全符合国际市场用户的认知常识，即要符合目标市场的使用习惯。在这点上，中国员工的思维明显处于劣势。我们是中国制造，英文肯定不地道，对外国人的生活方式也没有太多了解，这样就容易做出外国人不喜欢的产品来。

如何有效规避这些问题呢？多参考并研究同行业已有的产品是一条捷径。传统产品已经在市场上销售了多年，在这些产品身上已经包含了大量的用户使用习惯和需求信息，我们可以通过仔细研究这些已有的功能，分析出目标用户的生活习惯和使用习惯，再将它们“拿来”，这样的产品就不会出现大的方向性问题。

除了研究已有的产品外，有条件的企业还可以通过建立海外团队的方式，最大限度地缩短研发与产品需求之间的距离。当然，这是在我们的企业已有雄厚的技术基础上建立的团队，主要是在了解技术发展趋势前提下，自主创新。话又说回来了，不是每个初创企业都有条件建立海外团队，毕竟海外团队的费用很高，除非必要，否则在公司发展初期不宜盲目延伸到海外。

我们公司在海外团队这点上得天独厚。在创业的团队中，有三位成员是美籍华人，他们的家都在美国，也在海外生活多年。他们对于我们要做的产品接触时间很长，对需要做成什么样的产品用户才会埋单早已了然于心，这首先解决了我们产品的需求明晰的问题。在产品研发过程中，我们需要找目标用户来试用，在海外的团队也为我们产品的落地生根创造了很好的条件。

对于产品销售渠道来说，那就必须到当地去建设。当然，现在很多产品都通过电商的方式销售，存在异地开发市场的可能性。不过，对于物联网产品而言，不可避免地要涉及质保、售后等市场环节，如不在当地建立起销售团队，恐怕很难推动市场。电商虽然是一个重要的销售通道，但是绝对不能忽略传统的专卖店或大卖场销售渠道。这些传统渠道不言而喻，需要本地的团队才能开展工作。

瞄准国际市场，英文的问题无法回避，好在我们有英文不错的海外团队，给了我们语言和海外文化上强有力的支撑。退一万步讲，假设我们没有条件组建海外团队，我们依然有理由瞄准海外市场，并完全有必要克服语言上的重重障碍，开拓更广阔的天地。因为，中国创造必须走向海外。长期以来，日本民众总以自己有众多国际品牌和强势企业自豪，我想，当今世界也该轮到“中国创造”摇旗呐喊！

北美家庭用户正在操作智能浇灌控制器

节水认证

智能浇灌产品想在美国市场抢得一席之地，一定要想办法通过美国环境署（EPA）的Water Sense节水认证。美国西部一直以来十分缺水，甚至到了每家每户用水浇草坪都要限定日期才可以浇水的地步，不遵守规定的业主会收到警察的罚单。另外，美国的水价很高，一个普通家庭浇灌庭院的用水开销，每个月在100—300美元，因此，大多数美国民众都有节水意识。

在这样的背景下，美国政府推出了力度强大的节水补贴。像我们这种浇灌庭院的设备，政府规定用户每买一台，将补贴100—300美元，每个州的政策略有差异。

因此，在第一代产品成型之时，我们就下定决心，一定要尽早通过Water Sense节水认证，这张证书太重要了。理论上说，只要有了这张证书，白送给用户产品我们都能盈利，因为我们的硬件成本低于100美元。

通过美国的节水认证是我们自产品研发以来遇到的第一个比较痛苦的挑战。Water Sense节水认证在美国是非常严格的，它要求在一堆送检的产品中随机抽取两台控制器设备，在无人工干预的情况下，要达到以下几点要求，才算通过：

- 无故障自动连续运行一个月以上。
- 浇水程序会自动按照标准的ET蒸发量算法进行浇水量输出，用水量应该在蒸发量公式得出的结果的15%范围内波动。
- 设备中的12路阀门输出随机设置喷淋计划时间，并能准确执行。

在这项测试中，我们遇到的第一个挑战就是如何无故障运行一个月。我们的产品从零开始研发，可以说是一路奔跑，产品其实刚刚成型。老实说，所有的样品都没有完整无故障运行一个月。但是，如果等反复测试一个月都不出现问题，最少要经历两三个月的折腾，时间太长了，竞争的时限不允许。要想设备样品在一个月内无故障运行，首先要保证的就是Wi-Fi连接要能稳定运行一个月以上。在这个技术问题上，我们经过艰苦卓绝的试验和改进，最后才达到了设计要求。

南京与洛杉矶的时差大约为15个小时，美国员工基本上要在南京团队晚上10点以后才开始工作，我们经常要等到晚上11点之后汇报对发现问题的修改进度，以保证美国工程师能够在起床后第一时间作出方案调整。记得那段时间，中国公司的员工经常熬夜加班到午夜，等待美国的测试人员返回结果，甚至有好几次将改好的设备驱动程序刚刚发给美国员工，又发现了新的问题，美国负责组织测试的人员开车开到半路骑虎难下，不知道是该回还是该去。

还有一次，技术人员在服务器后台软件上看见一台测试设备已经掉线了，我们认为又失败了，真让人泄气！后来试着打电话问测试实验室的管理人员了解现场情况，我们正准备挨骂呢，结果那边传来了抱歉的声音。实验室管理员说，是他们路由器断电了，才导致设备无法连接Wi-Fi，不是我们的问题。

在设备测试的日子里，我们无时无刻不在关注着设备的运行状况，好在物联网产品可以通过网络远程进行监控，省了很多未知的麻烦。

到底经过多少个夜以继日的改进和测试，我已经记不清楚了。南京古城墙的寂静冰冷的灯光陪伴我们度过无数个不眠之夜。当听到我们的产品顺利通过测试拿到证书时，我们的心都沸腾了！回想起付出的艰辛和汗水，我们觉得十分值得。其实，后来的难关是一个接着一个的，每闯过一个难关，我们团队的功力就上一个台阶，产品也日臻完善了。

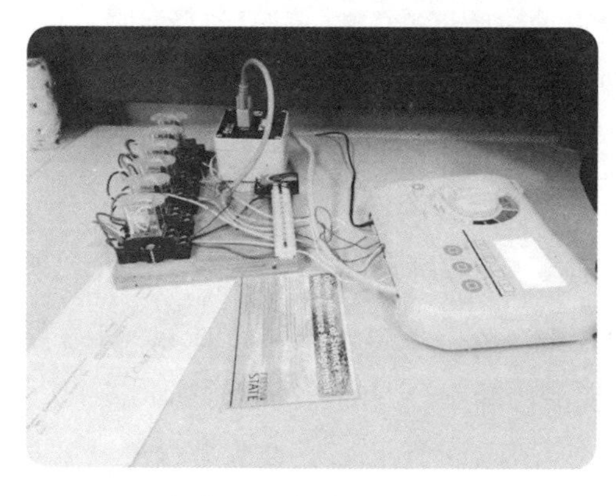

正在美国环境署测试的设备

第二篇　成长期

第五章　股权融资

高科技企业的命运跟融资的进程密不可分。有数据说，大约有1/3的创新公司因为融资失败而关门，我觉得这个数据接近于实际情况。高科技企业尤其是互联网企业的创业很多时候都是从一个Idea开始的。创业者没有资金，想法就根本不可能转化成为产品，这个时候就需要向投资人融资。产品研发出来了，向市场推广，需要有资金投入才可能快速打开市场，这时候也需要融资。

在中国科技创业领域，中关村算得上是首屈一指的领头羊和风向标，很多高科技公司都通过多轮融资做大做强，甚至到资本市场上发行股票，获得大众认可，创业者也获得了巨大的收获。笔者曾在中关村工作多年，目睹了很多企业融资壮大绝尘而去的背影。我也曾为苦于无法融到资金，梦想无法实现而感叹，回想起那些在出租屋内身居斗室苦思冥想的日子，回想起曾经流连于苏州街图书大厦、知春路、双榆树的彷徨岁月，不禁油然而生些许自怜和平凡人生不易的感慨。多年以后的今天，我为有机会大显身手创业而倍感珍惜。

创业计划书

简而言之，一份创业计划书是创业者对自己项目运营思路的整理，写创业计划书是一个很好的思路整理过程。除此以外，计划书用得最多的场合即是提交给潜在的投资人，用于融资。

无论是个人投资者还是机构投资者，都会开门见山地向你要一份相对完备的创业计划书（或叫商业计划书）。这份计划书一般应包括以下几项内容：产品、技术、日标市场、竞争优势、创业团队、运营计划和未来三年利润预测等。

一份好的商业计划书应该写明白以下4点：

1. 有明确的聚焦市场和聚焦的产品，不要什么都做，要聚焦到一个有竞争力的点上。我们从一开始就聚焦在对传统浇灌控制器的创新上，像雷军讲的一样，要将一个产品做到极致，在今天的科技创新产品舞台上才会有竞争力。

2. 某一产品要有团队优势，或有一定的进入门槛。我们的产品市场主要在国外，又在中国研发和生产，这恰恰是我们团队的优势，我们的团队中西合璧，能够最大可能地发挥团队的资源优势。别的国内或国外团队来做这件事，就很难有我们这种得天独厚的优势。对于进入门槛来说，物联网技术本身就是一个技术门槛。同时，产品的准入认证我们从一开始就很重视，并按计划在做，因此很快就获得了美国环境署颁发的产品认证。其他公司如果要进入这个市场，首先也要取得这个市场准入认证，具备较高的准入门槛。

3. 要有可信的财务预测数据。一份商业计划书最少要做未来三年的支出、销售和利润预测。对于硬件产品来说，准备采用传统的渠道方式、电子商务销售渠道方式还是多种渠道方式，销售数据则可以根据计划进行预测。支出数据则需要从研发和销售投入两个方向测算需要花掉的费用。

4. 商业模式也至关重要。作为一家公司，靠何种有说服力的方式从市场上获得利润？对于有硬件的物联网产品来说，首先要销售硬件，但是作为一家互联网模式的公司，靠硬件销售的持续盈利会有问题，肯定还要有软件和服务的商业模式。硬件、软件和服务如何平衡，尤其是软件和服务最终如何超越硬件的利润，并获得持续的增长，这些都需要有符合商业逻辑的数据支持。

一份好的商业计划书需要不断修改。产品和市场都在不断发展中，计划书也要及时更新，公司运营在不同的状态下，计划书对投资者的吸引力是不同的。

宣扬还是潜伏

计划书准备好之后，就要开始向潜在的投资者推销我们的计划，获得资金支持。这其中有一个问题需要权衡：是大肆宣扬我们的创业金点子，还是只小规模或一对一地去向投资者介绍呢？这其中存在商业秘密的问题。如果大肆宣扬，不能保证不会被人抄去。我们选择了后者。

乔布斯说，Think Different！科技产品创新同样是一件艰辛的工作，很难！很多时候，历经千辛万苦的创新和设计成果，很短的时间就会被人抄袭。尽管产品可以申请专利和软件著作权，但不可否认，对知识产权的尊重我们还有很长的路要走，对于资源薄弱的初创公司来说，通过专利来维护创新成果显然是力不从心的。更好的做法，就是在有了初步的成果后，迅速占领市场，并形成竞争门槛。同时，还要快速持续地进行改进，这样一来，别人即便想抄袭也很难超越。天下武功，唯快不破。在我们很难短时间内形成竞争壁垒的情况下，我们选择了不张扬，快速完成研发并尽快占领市场的策略。

在国内，大家发现一个空隙市场，喜欢不假思索地一窝蜂往上挤，挤不上去的就打价格战，把市场搞乱，最后整个市场的参与者都受到伤害。用户虽然花的钱少，但是买不到品质过硬的产品，创新产品成了地摊货，用户最终给予整个行业负面评价。

一个创新产品需要很长的市场培育期，如果创新公司通过大量的投入刚刚培养出来的市场很快被人以不正当的方式抄袭，初创公司就只能以失败告终，在这方面，我们有很多经验教训。比如，前些年我们自主研发的ZigBee物联网教学套件技术含量的确不低，曾一度占有全国70%以上的市场，由于在竞争策略上考虑不周全，市场份额一点点失去，价格也越杀越低，最终，我们被迫放弃了这块本来很好的市场。吃一堑，长一智，新的产品创新我们特别注意吸取过往的教训。首先，在产品选择上，我们这次挑我们最有优势的，选择去国外市场上竞争，避免恶性竞争，来自全球的竞争者也不过三五家，大家努力的方向是如何把产品做到最好，而不是想办法抄袭别人的专利。

大肆宣扬自己的产品创意，并不完全是一件好事。

现在融资的方式越来越多，众筹是一种新兴的融资宣传方式，创新公司只要将自己的产品往众筹网上一放，第二天大家就能关注到，效率很高。我们也考虑过用这种方式，后来放弃了。

但是，为了融资，我们又不能完全对外秘而不宣。我们采取的方式是，有针对性地寻找投资人，尽可能不参加公众性的投资洽谈会；在有意向的投资细节洽谈前，我们需要与投资人签订投资保密协议。通过以上方式，我们可以最大限度地规避我们以前犯过的错误。

融资方式

俗话说得好，没有钱才来创业。创业的第一道坎便是学习如何融资。除了从亲戚朋友处借钱，向银行借贷以外，科技型企业的创业者更多倾向于出让股权，借助他人的力量获得资金支持。风险投资按照不同的阶段，可分为天使投资和风险投资（VC）。

除了向风险投资机构融资以外，最近几年全国各地的政府对科技创业的扶持力度都很大，创业者可以通过申请政府创业项目，获得资金支持。比如南京市政府的人才引进项目、无锡市的530人才扶持项目、厦门市的“海纳百川”人才计划、武汉市黄鹤英才计划等，这些政策都是按照国家的产业政策导向，对新兴科技型企业或创业人员进行资金扶持。

随着互联网金融的兴起，市场上也出现了众筹的新兴融资方式，即创业者将自己要研发的产品采用预售的方式发布在网站上，潜在用户通过网络预订，并根据自己的期望值支付不等值的金额给创业公司。创业公司通过预收的费用获得启动资金，也获得第一批粉丝客户。能够在众筹上融资成功的初创企业少之又少，大多数在众筹上的操作都是为了吸引更多潜在用户的注意，实质性的融资功能其实很渺茫。因此，需要重点关注的还是政府扶持政策的申请以及风险投资人的引入。

最初的个人投资，大家一般称之为天使投资。天使投资主要解决的是企业的生存资金问题，如果企业发展顺利，接下来可以进入A轮和B轮风险融资，这两轮是为了解决企业的发展问题。在B轮融资过后，企业一般就到达出售或上市股票发行的级别。一般说来，只有不到1%的企业能够成功上市，所以对大多数创业者来说，能够将公司成功出售也是一个相当不错的选择。政府扶持资金的申请多数都需要创业企业在当地注册，有拿得出手的高学历团队，有不错的盈利模式。这些条件具备之后，还要经过初选、答辩、考察等固定的审查流程，一般最快也要经历半年以上的时间，才能获得实质性的政府资金投入，也有配套免费办公用房和办公设施的。

投资与投机

在寻找投资人的时候，你会碰到不同类型的投资人，有的可能并不是真正的投资人。有的投资人是为寻找有发展潜力的公司准备投资的真正的投资人，他们有大量的现金，也有投资科技型公司的经历，这样的投资人沟通成本很低，对科技公司的基本类型和运作模式了解很透彻。不过这样的投资人不是很多，能够遇到又正好看好你的项目的更是凤毛麟角。

更容易遇到的是投机人。所谓投机人，是试图在最短时间内（可能是两到三个月）希望博取暴利的投资人。坦率来讲，99%的企业都不可能做到短时间内获取暴利，如果有这种机会，也完全没有必要去找投资。

在投机人中，有一种是投资中介，这种类型的多数是公司形式，他们搭建一个平台，经常组织一些活动，一头吸引创业者拿出你的创业计划，并搭建路演舞台，让你来不停地讲，另一头则吸引所谓的投资名家来做嘉宾。如果这两头能够对接成功，投资中介将收取一定的中介佣金，他们靠佣金运营，不会有真正意义上的创业辅导。

另一种是对创新投资有兴趣的“观光客”。这类人受互联网创业大潮的影响，对移动互联网、物联网这类创业企业有着浓厚的兴趣，看得很多，也谈过很多，但是由于从来没有真正下决心投资过，因此，不知道怎样下手，也永远下不了决心，又或许是没有太多可投资的资金，因此永远停留在谈的层面。这类投资人，我们就碰到过很多。从项目的初创到产品大规模销售，从天使投资进来，到机构投资进来，整个过程中他们一直在了解跟踪，一会儿嫌产品不够高大上，一会儿嫌产品还没有规模化，一会儿又嫌产品还没有产生盈利，等产品规模化销售了，又嫌公司的估值太高，投了担心吃大亏。总而言之，他们从来没有下定过决心，哪怕是投资几十万的决心。最后，这种投资人哪怕是投资亏损的滋味都没有品尝过，更别说投资成功了。

还有一种是放高利贷类型的投资人。这类投资人打的是投资的旗号，也看好你的项目前景，可一旦谈到实质的问题，就摆出一副杀猪的架势，将投资条款设定得非常苛刻，提出一大堆对赌条款。总之，假如短时间内达不到一定的销售额或利润额，创业者将输得只剩裤头。这种类型的资金前几年多数来源于房地产行业背景。这些年，国内这种背景的钱挣得太过容易，他们甚至希望投资的每家企业三个月就能上市，短时间就能给他们带来几十倍甚至上千倍的投资回报。可是，非常对不起，我们没有点石成金的本领，只是在一步一个脚印地做着创新的产品，需要一个比较长的周期才能带来稳定的回报，我们实现不了他们的期望，因此，最后往往是不欢而散。

还有一种投资人，他们具备投资的能力，对财务数据的研究很专业，也很熟悉你所做的产业。当他们把你的财务报表、组织结构、人员配备翻了好几个底朝天之后，就是始终没有下文。原来，他们在等别的投资人先投，他们属于跟投型的“投资圣手”，绝不做第一个吃螃蟹的人！这种类型的投资人不光中国有，美国也一样有，不管你是在吃大米的国度，还是在吃汉堡的国度，人性是一样的。

作为创业者，资金对初创企业真的很重要。但是，我的经验告诉我，不要在“投机人”身上浪费大量宝贵的时间，在他们身上你不会有任何收获。相反，如果有幸能够遇到真心想帮你共同完成产品梦想的投资人，请一定珍惜，并且付出你的汗水，将企业发扬光大，有朝一日能够投桃报李，回馈给投资人。

泥鳅投资人

从投资人口袋里要到钱从来就不是一件容易的事。互联网上经常有几分钟拿到几千万投资的传说，不过也就是传说而已，绝大多数创业者都没有这么好的运气。

一般说来，成功要到一笔投资和成功达成一笔大项目的业务交易，概率上没有太大差异，1/20的概率算是一个比较正常的成功概率。对于科技创业者来说，一方面需要积极寻求资金支持，另一方面也需要抱有十二分的耐心，有锲而不舍的精神，才可能取得融资成功。

很多潜在的投资人都愿意跟你谈，也可以谈得很深入，但是一旦涉及实质的交易问题，就会冒出一堆问题，不是嫌你的项目不挣钱，就是嫌你的团队差，要不就是嫌你的进度慢。总之，百般挑剔，最后自然是不了了之。

泥鳅，在水中看着有料，用手一抓很滑，往泥里一钻，不知所踪。把投资人比作泥鳅一点儿都不为过。有人说，在中国没有真正意义上的风投，这话确实有几分道理。挣快钱和上市前投一把，在国内投资圈内是主基调，真正有耐心从企业初创和产业扶持角度去培养和投资籍籍无名的团队的投资人少之又少。从这种意义上说，创业融资委实不是一件容易的事情。

初创企业最初的所谓天使投资，大多都来自亲朋好友或有交情的人脉关系。我们团队就是这样，能够在已有的人脉圈中找到愿意赞助你梦想的朋友，那是一种幸运，在感到珍贵之余更要用好投资人的每一分钱。那是投资，更是信任。

在接触投资人的过程中，你会发现投资人来自两大阵营：基金公司和实业资本。所谓基金公司都侧重于较短周期是否有盈利，以盈利是否有超预期空间为考核标准。因此，对项目方方面面面的审核极其挑剔，尤其是公司的盈利数据。实业资本说白了就是在传统行业挣到钱的所谓“土豪”，这类投资人的主要特点是，对科技行业的印象只有互联网的阿里巴巴、腾讯和百度，其他的知之甚少，对科技企业的真实商业模式和盈利预期并不了解，大多数投资人对科技行业的投资回报抱有不切实际的幻想。事实上，科技企业比传统创业企业的失败概率要高得多，而且实现盈利也未必是立竿见影，很多互联网企业恰恰是靠越来越大的亏损实现用户的增长。对于每年有30%以上稳定回报的诸如房地产商人来说，科技企业深度投入然后才可能爆发的商业模式是无法真正从心底获得认同的。这些实业资本的投资人了解科技企业运作细节越多，就会对自己的投资越没有耐性，最终必然不欢而散。

实业资本投资人多数偏向于控制企业，而非投资企业。因此，他们往往会提出占有50%以上股份的条件，投资之后则倾向于按照自己的经验对企业做重组，这种方式对很多科技创业者来说是格格不入、无法接受的。

公司估值

大多数IT公司都是靠技术行天下，没有太多的固定资产，属于轻资产类型，这样的公司在融资的时候自然不能通过固定资产进行估值。通常的做法是把知识产权和技术作为无形资产进行估值。对公司进行估值不是一件财务工作，是一件艺术工作。无形的知识产权估值并无一定的标准，因此可高可低。如果估值过高，投资人会拂袖而去；如果估值过低，创业者自然吃亏，如何取得一个大家都能接受的估值平衡就是一件艺术活儿。

除了特别强势的投资人加入外，一般来说，创业者都会一直主导公司的估值。一家公司的估值决定一家公司的身价，也决定股东的投资回报，那该如何进行合理地估值呢？这里面也有一些基本的游戏规则。站在投资人的角度考虑，每个投资人都希望自己的投资较快地稳定增值，否则，很多投资人就会冒出莫名其妙的负面意见，不是指责产品进度太慢就是指责市场不给力。公司估值需要在一个符合公司发展和成果基础上的持续提升的节奏。

例如，最初的天使投资进来的资金不会太多，但这个时候的风险最高，因此公司的估值不能太高，需要给投资人占有多一点儿的股份比例。风险与收益是相对应的，风险大，收益也大。

作为一家初创的科技公司，这个时候只有产品的雏形和很少的几个技术专利，估值在两千万以下比较合适，天使投入一二百万能够占有10%以上的股权比例，天使投资人才愿意干。

瞄准新三板

很多创业者言必上市，实际能够上市成功的企业毕竟还是少数。作为国内科技公司的创业者，比较靠谱的想法有两条路：第一条路是产品初具规模后，公司具有了一定的竞争力和价值，适时出售公司；第二条路是谋求到新三板上市。相对于主板和创业板苛刻的上市条件和少数名额，新三板算是科技企业融资的一条较为可行的融资渠道，门槛相对较低，周期相对较短，科技企业又符合国家产业的政策导向，上市成功的可能性较高。

如果创业公司打算上新三板，也要尽早谋划。首先得了解新三板的上市条件和规则，其次要尽早联络券商，他们会为你做详尽的指导。

多渠道融资很重要

此时此刻，我们刚刚经历了一个酷热的夏季。不知道是什么原因，今年夏天的台风特别少，整整两个月，每天的气温从最低30℃到最高38℃，像一日三餐一样，雷打不动，稳定得让人感觉无法继续坚持下去。

最近几个月，我们的创业进程也异常艰难。首先，是经历了产品大批量使用后发现的重大缺陷问题。

在美国公园的一个示范工程中，我们安装了30台浇水控制器，用于整个公园的绿化建设。在长时间的运行过程中，我们发现有一部分设备屏幕出现乱码，程序工作异常。研发人员迅速展开分析，很不幸，在两周时间内，我们一直没有找到问题的答案，真是难熬的季节呀！程序的逻辑没有找到问题，数据的输入和输出都没有找到问题。少量的设备问题很难复现，最后，我们决定在实验室同样搭建30台设备进行环境模拟，问题陆续出现了，但是依然无法解析原因。

经过软件程序逻辑层面的抽丝剥茧之后，我们进行了一系列的否定，最终，问题定位为单片机的内存泄漏导致。为了解决设备长时间工作会导致内存不足的问题，我们引入定时重启机制对软件进行改进，即当设备每运行12小时后，设备空闲的时候，软件会触发设备重启，重新分配内存。

对整个软件来说，这是一个很小的改动，但是解决了大问题，修改之后的软件版本都运行良好。

解决了技术问题之后，更头疼的问题来了：公司的资金见底了，如何找到下一个月的员工工资成了当务之急。公司进入成立以来最艰难的时期。

某种程度来说，一个团队的融资能力直接反映了团队的创业能力。为了解决资金问题，我们想了很多办法。风险投资一直在谈，不过运气不佳，本来谈好的投资，资金进入并不顺畅。另外，还有政府的扶持资金，这笔扶持资金经过了无数的努力之后，终于下来了，可谓雪中送炭，救了公司一命。

初次创业的团队一般会低估融资的难度和时间，难度和兑现周期往往都超过你的想象。传说中的“在厕所五分钟就搞定几千万投资”，只能是传说而已，99.99%的创业者都不会有那个好运气。

第六章　管理见真功

台湾“塑料大王”王永庆有一句名言：一个企业好不好，关键看管理。精细化的科学管理是王永庆的成功秘诀。一个企业的成功应该是产品、营销、战略、管理、融资各个方面的综合成功。其中，管理是最需要耐心和见真功夫的一项内功。

我们在创立物联网产品公司的过程中，结合自身多年来总结的管理经验，进行了大量管理创新实践，走了一些弯路，也有很多地方值得借鉴分享。

生产管理

在互联网行业，管理的重要性往往被创业者忽视。“效益从管理中来”这句话在任何行业都是一句至理名言。

我们所从事的互联网+产品创新，研发和产品化离不开硬件研发和生产，这也是智能硬件与传统互联网的最大区别。管理是一件综合的技术工作，随时都需要进行各种各样不同选择的决策，不同的选择就意味着不同的工期和成本的选择，也意味着不同输出品质的选择。

硬件的设计生产过程从外观设计到结构细节的设计，到手板打样，再到工厂模具制作和注塑加工，最后到组装成产品，这里面的每一步都需要进行细致的管理，最后才能生产出有竞争力的产品。这其中，工厂的模具制作工艺选择对产品的最后批量成型起到举足轻重的作用，同时也是一个单项较大成本的环节。选择什么样的模具和工艺，决定最终出什么样的成品，在这里，我们常常是一而再再而三地比较后再行选择。模具行业的品质千差万别，价格差异悬殊，水很深，必须仔细比较并实地考察工厂之后，再经过几轮价格挤水，才能保证基本不出现差错。

管理对于创新企业来说不是按部就班，而是要不断学习，从中找到科学有效率的生产力。拿硬件外观工艺来说，有喷漆、金属拉丝、PVC贴膜等。不同的工艺产生不同的外观效果，要准确无误地选对工艺，并能做到对厂家的工艺进行修改不是一件易事。管理者只有多比较，对每种工艺都了如指掌，才可能按照预定的工期做出符合成本和用户体验预期的好产品。

拿塑料贴膜来说，光材料就有PVC、PTE等很多种，PVC外观粗放，价格便宜，PTE则手感细腻，品质感较好，价格自然也相对要高。这些材料的防水性能也各不相同，PVC材料反复遇水后容易卷起，PTE则不会。这其中，每种材料上还可以选用透明、磨砂、背印、喷银等工艺。在不同的厂家，采用的成型切割工艺也不一样，有些采用激光切割，有些采用电切割，分割面就会留下轻微的烧焦痕迹。

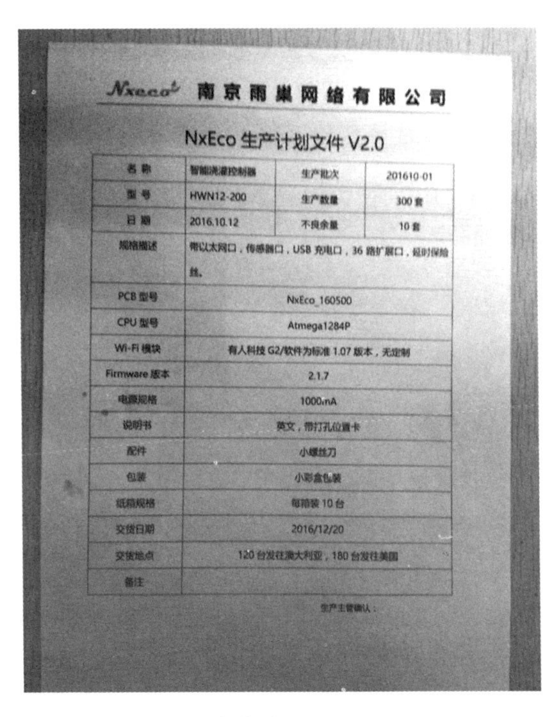

Nxeco 南京雨巢网络有限公司

NxEco 生产计划文件 V2.0

名 称	智能浇灌控制器	生产批次	201610-01
型 号	HWN12-200	生产数量	300 套
日 期	2016.10.12	不良余量	10 套
规格描述	带以太网口，传感器口，USB 充电口，36 路扩展口，延时保险丝。		
PCB 型号	NxEco_160500		
CPU 型号	Atmega1284P		
Wi-Fi 模块	有人科技 G2/软件为标准 1.07 版本，无定制		
Firmware 版本	2.1.7		
电源规格	1000mA		
说明书	英文，带打孔位置卡		
配件	小螺丝刀		
包装	小彩盒包装		
纸箱规格	每箱装 10 台		
交货日期	2016/12/20		
交货地点	120 台发往澳大利亚，180 台发往美国		
备注			

生产主管确认：

生产计划文件

要组合出完全适合自己产品的工艺，需要有足够的耐心，通过反复打样，比较效果，一种工艺就是一枚棋子。严格来说，没有好与坏的分别，只有适合不适合的分别，一款产品的成功推出不一定要选择最先进的工艺，而是应该综合考虑用户使用环境、市场地理差异、用户习惯、审美趣味以及市场定位等因素。要下好这盘棋，就要对每一枚棋子烂熟于心。

物联网产品必然有一个交到用户手中的硬件产品，有硬件就必然少不了包装。做科技产品，首先要俯身做好这些基础的，没有多少技术含量，但对用户来说又是很重要的工作。

瞄准国际市场的互联网+产品需要用国际市场的审美趣味来做产品包装。对于一家中国创新公司来说，国际市场的经验很有限，唯一可以帮我们补课的方法，是买回国际市场上类似的产品来多研究，并进行模仿，最终超越。对于包装来说，最大的困难不是不知道怎样做包装，而是在国内找不到你想要的包装材料。（严格地讲，肯定能找到，只是时间和成本是否能接受的问题。）

硬件加工流水线作业

在硬件研发的过程中，有一个问题始终无法回避，那就是你的产品如何定位，是定位低档、中档还是高档。这其实又回到了产品定义和产品战略问题。产品的定位有了，对产品生产的工艺、包装也自然就有谱了。

元器件采购

再简单的产品，一块电路板上都至少有20—30种元器件，将这些元器件焊接到一起，让它们协调一致地工作，是电路设计工程师的工作。一块电路板的设计需要经历设计、打样、样品测试、小批量、大批量等设计和修改流程。电路板从设计到成熟，需要经历至少半年的时间。

元器件采购最难过的是质量关。电子商务发达的今天，淘宝成了元器件采购的重要方式，大大提高了元器件采购的效率。打开网站搜索一下，所有同一规格的元器件的供应商和价格在一秒之内全部列出，而且几乎都配有详细的原理图，一天之内采购完10种以上的元器件样品不是什么难事。不能不说，这是一种生产方式的重大进步。

同时，对于一家公司来说，网络采购可以有效杜绝采购腐败问题。因为，网络采购很容易进行货比三家的监管，采购人员想私自或串通供应商进行加价并不容易。

但是和传统渠道采购一样，在网络上，元器件供应商容易以次充好，大量元器件的翻新早已形成翻新产业。从废弃的旧电路板上拆下来的元器件进行抛光打磨，这种翻新后的元器件，用肉眼看跟新的元器件无异，但是专业检验人员在高倍放大镜下即可看出端倪：翻新过的元器件表面往往会有微小金属丝的残余，丝印的文字也深浅不一。

翻新元器件对产品的主要危害是会影响产品的使用寿命。比如一款全新的单片机的使用寿命是5年，由于翻新的元器件是从旧电路板上拆下来的，因此使用寿命往往只有一两年。如果出现核心器件损坏，整个电路板就不能正常工作，产品品质将受到严重的威胁。

为了防止翻新器件进入产品生产环节，需要建立严格的进料检验机制，这也是ISO9000质量体系的要求。我们的生产加工都是委托外围工厂进行，就需要寻找到有质量体系的加工企业进行生产配合。在成本可控的前提下，质量的控制是一道必须要过的关。我们过去常常讲“质量是企业的生命”，对于做惯了软件的互联网创业者来说，硬件品质的控制是一道全新的考题，它与软件的质量控制方法完全不同，软件没有假货，而硬件永远存在假货。

设计的分寸

一件成功的产品是技术与艺术完美结合的产物。对于工程人员来说，技术并不是什么难事，最难处理的莫过于诸如外观设计、软件界面设计等。这些软性设计的难处不是要搞技术的人来亲手设计这些东西，而在于这些设计没有统一的标准，也没有对与错之分，两种不同的设计往往很难决策采用哪一种更有利。

拿硬件外观设计来说，对于造型和色彩，每个人都有自己的审美趣味和看法，很多时候很难达成一致。诚然，有优秀的设计大多数人都会喜欢，但是对于一个小公司来说，想在短时间内找到一个付得起价钱的优秀设计师绝非易事，好的设计师是可遇不可求的。

另外，一件作品的最终设计效果也不完全由设计师说了算。作为产品研发的负责人，肩负着产品的一致性和一切设计的标准把控，包括硬件产品外观、软件界面、产品网站，在启动这些设计之前，需要提供详细的设计要求，在设计过程中对初稿要有敏锐的甄别力，要能够迅速判断出行还是不行，如果是不行，要提出具体的改进意见。这就要求产品经理必须对自己的产品有一个基本的风格和品质把控力，从这种意义上说，一件设计作品是由设计师和产品经理共同完成的。

从更高的层面上来看，所有的设计都要在营销的层面进行决策，比如，所有的设计都要有一致的品牌、色彩、品质、体验度的识别。理性来讲，产品设计需要针对目标客户群进行，但是大多数人都会不由自主地站在自己的角度看产品，自己喜欢就觉得好，不符合自己的感觉就选择否定。我们公司有6个股东，曾经有一件外观设计作品6个人发表了5种不同的意见。所以说，外观设计是件难事。

我们既要发挥大家的能动性参与到设计中来，同时又要在计划的时间内迅速研发出符合甚至超越市场预期的产品。作为产品主导经理，必须在不同的意见中穿梭并找到大家的意见共同点，迅速作出判断和决策。

王永庆说，重视品质的人才会有大作为，作为产品设计的主要负责人，产品经理一定要有十二分的耐心。好的设计是改出来的。很多时候，设计初稿都难如人意，尤其是在商业合同框架下的设计任务，设计师都希望尽快完成任务，设计创意有时候甚至需要产品经理提供素材才能完成任务。不满意的时候，产品经理必须要求反复修改，直至达到设计预期为止，在有限的资源内做到最好。

第二代智能控制器外观设计手稿

云服务管理

所谓互联网+产品，说到底就是一套硬件加上一套互联网云服务软件。要想做好云服务软件，需要持续地升级和更新，这其中有一个难点，即如何在不影响现有用户使用的基础上，实现功能的快速迭代更新。

做软件如同绣花，是一件极精细的活。一个软件系统只要有瑕疵，软件就会出现运行异常，因此，软件研发的过程是一次次严密的逻辑旅行。研发过程中，除了要有完善的文档以外，严格反复的测试也是必要的工序。在很多美国研发企业中，测试人员的配比往往超过设计人员，而在中国公司中，测试和对品质的要求相对容易被忽视。在基本功能研发完成后，后续的功能升级均需要进行两类严格测试：一类是新功能闭环测试，即新的功能改进要能够自圆其说，符合逻辑，不能出纰漏。另一类是兼容性测试，即新的功能加上之后，不能对已有的老软件产生障碍性影响。因为之前的老版本软件或硬件中的嵌入式软件已经在使用中，这部分老用户有些可能会选择升级新版本的软件，有些就不一定会选择升级，或没有条件升级，新修改的功能不能影响之前的功能使用。

一个新修改的功能即便代码没有任何问题，也有可能因为服务器文件更新错误而出现故障。随着用户越来越多，小的软件故障很可能酿成重大的事故，因此，在软件更新和维护这件事情上，要有比较严格的程序和制度。比如，项目组一般都配备有不同的测试服务器和正式服务器，修改过的程序需要先在测试服务器上进行反复测试，确保修改过的功能已经完备，才能到正式服务器上进行软件更新。正式服务器更新过后，还要立刻进行用户层面的模拟测试，确保第一时间发现潜在的问题并修复。如果等到用户报告问题后再修改，将出现严重的服务器更新事故。

在云服务持续升级的同时，移动端App软件也需要持续升级，iOS和Android App都需要审核才能发布，一般需要四天到一周的审核时间。在App提交审核之前，也需要进行严格的流程测试方可提交。因为App一旦提交出现问题，很难在短时间内修改并发布新的版本，审核期的时间是我们无法控制的。

在软件研发的过程中，除了结果需要进行质量管理以外，研发过程中的程序代码管理也是很重要的。软件程序是思维逻辑体，看不见摸不着，只有做好细致的代码管理，软件研发才可实现持续改进。

有关软件研发，有一整套较为成熟的管理方法，这里只作简单介绍。首先，每一个项目都是一个小团队联合进行开发和测试，程序代码需要进行集中本地化管理，一般需要用SVN或GIT代码管理工具进行管理。其次，每个负责项目开发的项目负责人需要定期组织开发成员进行Code Review，以确保代码的开发品质稳定。这里面要检查代码的基本逻辑是否符合大的设计框架，小逻辑或函数是否符合代码编写规范，是否有详尽的逻辑和算法注释等。最后，完成的程序还需要有详尽的设计文档，才可保证新进的研发工程师能够迅速上手项目。

财务里面有文章

对于创业企业来说，财务管理一般不会获得太多重视。因为，即便账做得再好，如果没有好的产品销量和收入来源，也都是空的。因此，大多数创业者都把主要精力放在研发产品和开拓市场上。实际上，财务也不是那么不重要，创业者有必要具备一定量的财务知识，对企业的经营大有好处，甚至能帮助企业挣钱，这话一点不假。

没钱了怎么办

创业公司最初的投资都是东挪西借来的，吃了上顿没下顿，说不准什么时候就没钱了。毫不夸张地说，小企业几乎每一天都面临死亡的威胁。没钱的日子是每个创业者的必修课。

如果说每个企业离倒闭永远只有180天的话，那么初创企业每天都在面临生死关。

一棵小树从幼苗长成能开花结果的大树是相当不容易的，必然要经历九九八十一难，对于初次创业者更是如此。毫不夸张地说，每一个难关都需要经历煎熬，要想尽办法才能平安脱险。

对于大多数创业者来说，资金是每天都需要思考和解决的首要问题。技术研发驱动型的企业更是如此，股东凑来的一点儿钱很快就会被花完，而且往往是钱花完了，产品还没有做出来，或者即便是做出来了也没有形成销路，没有形成财务进项，或者即便有进项也没有达到收支平衡。在这种情况下，创业者往往面临创业失败的困境。

那该怎么办呢？最容易想到的办法有两个：贷款和股权融资。一般来讲，股权融资或风险投资收购股权周期较长，即便在达成投资意向的前提下，也要经过繁复的资料审核过程才能真正拿到钱。因此，股权融资可能是一项长期的工作，在暂时不缺钱的时候不开展这项工作，到缺钱的时候就已经来不及了。贷款则是相对见效快的办法。其实对于商业银行来讲，发放一笔贷款也需要一个较长的审核周期，不过，现在这个周期比以前要缩短很多，尤其是近年来兴起的形形色色的贷款公司，放款的速度更快。但是商业贷款必须满足两个条件：如果是以创业者个人名义贷款，贷款者必须是中华人民共和国公民，而且要有可变现的资产作为抵押。所谓可变现资产，说白了就是如果这笔贷款无法偿还，贷款机构可以将这部分抵押资产进行拍卖换成现金。一般来讲，房产、汽车、股票、债券等可以作为抵押物。如果是以企业名义进行贷款，那么，企业名下也必须要有可变现资产，才有可能贷到款。很难变现的知识产权和公司未打开销路的产品不可以作为抵押物，除非进行资产评估，又有担保公司愿意出具担保文件，才有可能变成抵押物。

这些资金来源的知识给我们一个启示，轻资产的科技型创新企业也要适当地在资金相对宽裕的时候进行适当的资产储备，以备不时之需。比如买下一间办公房就是一个不错的主意。

很多运行良好的企业都会注意储备自己的“资金池”，我想大概跟资产储备是同一个意思吧，值得借鉴。

裁员还是降薪

写这个标题的时候其实感觉很沉重，但是，公司是一个依靠盈利生存的组织，创业公司资源稀缺，毫不夸张地说，每一天都面临生存挑战。创业者很可能前一秒还在热情洋溢地描绘蓝图，下一秒就面临无米下锅的窘境。

公司面临很快就发不出员工薪水的时候，我也曾经多次思考过下一步该怎么办，选择裁员还是降薪，甚至关门大吉。

据统计，能够挨过前三年的创业公司只有不到20%。这个数据对充满激情的创业群体来说听起来非常残酷，但事实的确如此，没有任何夸张的成分。公司成立以来，我们几乎过一段时间就要面临断粮和无法生存的危机。有一句话，在今天听来毫不做作：如果让我重新选择创业，不知道还有没有勇气开始。

对于大多数人的智商、情商和运气来说，能够凭借一个点子就轻松创业成功，并轻松获得巨大的市场，出行前呼后拥，几乎可以看作神话。绝大多数人要想成功，都必须付出巨大的代价，甚至付出巨大的艰辛获得的依然是失败。

所以，作为每天都要找米下锅的创业企业，裁员还是降薪是随时都要准备回答的考题。

这个选择题我想在人力资源管理学中早已有标准答案。但具体到不同的企业，每个创业者都会有自己的回答。裁员的好处是很快就不用再支付已经裁员的员工的工资，对人员成本的支出可以获得立竿见影的效果。当然，裁员本身也要全面考虑《劳动法》对员工裁员补偿的成本，这种降低成本的做法本身很普遍，也无可厚非。

降薪则是降低企业运营成本的另一种手段。

实际上，作为初创企业，员工数量不会太多，每个人都当好几个人在用。如果企业为了降低运营成本选择裁员，一方面，可能因为人员减少影响公司本身的运行，另一方面，容易引发团队心理恐慌。小公司各方面的福利和待遇都不如大公司健全，本身维护员工的凝聚力就非常不容易，如果员工觉得公司经营前景不好，到了要裁员的地步，很多未被裁掉的员工会变得非常不安，甚至出现集体跳槽的窘境。一旦出现这种情况，团队很容易短时间内瓦解，前面的团队建设努力将功亏一篑。

如果让我在裁员还是降薪上做一个选择，我会选择降薪，外加员工股权激励，作为对员工的补偿。因为现在年轻人的生存压力也很大，很多员工都背负着房贷和在城市打拼的压力，长时间降薪也不太现实，最终很多员工都会因为无法释放压力而选择离开。

短时间进行全员降薪，核心员工进行适当的股权补偿应该是稳定团队的较为理想的选择。毕竟在中国人的公司里，多少都要考虑到人情，毫无情面地选择裁员，很多员工的心理会难以接受。

维持现金流

大多数时候，通过目前的项目直接融资很难，贷款又没有抵押物。在各种路径都被堵死的情况下，那真叫一个急呀。还好，还有一条小路可以试试，那就是接其他的项目做，换取现金流，将队伍养活下去，等待黎明的到来。

作为技术研发型的企业，最大的优势就是有技术、能干活，从这个角度来说，承接跟公司技术相近的短期项目获得维持资金，应该算是比较可行的出路。

我们在研发智能浇灌控制系统的过程中，曾经因为资金紧张就承接过一个电动汽车云平台的开发项目。这个项目采用的技术跟我们已经掌握的技术非常接近，研发团队几乎没有费多大力气就上手了。不过，这个项目因为需求的反复变更以及甲方的诸多挑剔，最终导致项目流产，我们只做了一个演示版的产品就草草收场。在这个过程中，我们换来了几十万元的项目资金，对付了一段时间。

接项目做是一种很好的短平快的获取短期资金周转的方式，值得技术型创业企业借鉴。是否能成功承接到一些活干，需要有一些人脉资源，我们是通过股东间的人脉资源做到的。第二点就是要做尽可能对口的项目。如果是陌生的技术项目，可能会因为技术陌生，需要花费大量的人力进行技术摸索，最终还可能因为经验不够而导致项目失败，得不偿失。

第七章　用人之道

事业的成败取决于人才，人又是最难管理的，管好了人就管好了企业。

学历是否重要

在企业用人问题上，一直存在一个争议，那就是人才的学历是否重要。在实际的企业管理中，我的答案是不能唯学历论。企业经营需要不断计算投入产出，高学历人才有很多优势，高学历技术人才企业的培训成本相对较低，工作上手快，大多数高学历人才素质也相对较高，管理成本较低。

同时，学历也是一把双刃剑。在企业用人上，我更崇尚实用。企业既不是高校也不是研究所，投入产出比永远是需要权衡的重要指标。对于初创企业来说，要钱没钱，要市场没市场，每天都在精打细算，员工是否有效率地工作最为重要。

在国内，有一种运作模式是先找最优秀的人搭团队，再通过有吸引力的团队找到风险投资，找到足够的投资后，再做最时尚的产品，通过概念产品继续融资。这种运营模式有它的优势和存在的道理，但是很可惜，我们团队不擅长此道，只能从基本的产品创新道路获取生存营养：产品功能创新，吸引用户，培育市场，获得用户后再进行融资，从而发展壮大。在产品开发和市场培育从无到有的过程中，需要付出无数的心血和汗水。很多受过良好教育的高才生，首先看不上初创型的公司，他们更偏爱到看上去没有任何风险的大公司工作。再者，小公司分工并不细，员工需要一专多能，一个岗位要干几个岗位的活，很多“高智商”的年轻人总有种大材小用的委屈，干着干着就想离开。当然，薪水回报也是一个重要方面，小公司投入相对微薄，在产品打开销路之前薪水待遇和福利都可能与实力雄厚的大企业有差距，不会那么有吸引力。在这点上，我们的策略是在企业允许的范围内，尽可能做到待遇中等偏上的水准。很显然，教育程度越高的员工期望的回报也越高，小企业永远无法满足因教育带来的回报压力，员工为企业作多少贡献才是我们关心的，员工的回报自然应该与个人贡献相对应。我们的用人标准自然不会以学历而论。

其实，小企业和大企业对于一个员工来说，最大的不同在于发展空间，小企业缺少人才，自然把每个有用之人都当人才来用。一个普通的员工在大企业是一根葱，在小企业很可能会被当作一棵大树使用。

写到这里，笔者很自然地想起某著名企业家曾经在他的书中写过这么一段话：企业最后能够留下来并成为高级管理者的大多都是刚开始看上去不怎么优秀的员工，可经过十几年或数十年的积累，每个当初进公司看上去很笨的年轻人，都能逐渐成长为不同领域的专家，并愿意持续为企业服务，成长为企业的高级管理干部。那些看上去特别聪明的高才生呢？几乎都远走高飞另寻出路去了，最终聪明人反而一事无成。每当我回想起这段振聋发聩的总结，总是不禁感慨。

企业用人极像找玉石，外表很难看出玉的质地，一个人是否优秀有很多评判标准，可以是高智商，也可以是德才兼备，受过良好教育的人才不能为你所用也是白费，能被企业所用，甚至长期服务，才能称得上是有用之才。在企业中，人才用路遥知马力来评判再恰当不过。作为企业的经营者，就是要发现看上去普通实际质地绚烂的玉石，并持续打磨雕琢，使之成为精美绝伦的玉器。

初创公司没有多少人才可用，歪瓜裂枣的员工很多，即便如此，也要善于发现每个员工的长处，安排到最适合的岗位，通过不断督促和磨砺，把每个人的有限才华发挥到极致。

在现实价值观主导的商业社会中，要将一批可用之才团结起来，形成合力，到国际舞台上去竞争，不是一件容易的事。沟通能力是一个好的项目经理和产品研发主管必须具备的。实际上，在我个人的阅历中接触过很多高学历的员工，普遍的特点是：一件事情可以做得很好，但是团队沟通能力普遍欠缺，甚至会出现沟通障碍。在当今靠团队取胜的时代，单打独斗已经无法做出好的产品。相反，教育经历一般的员工沟通能力倒是有很多表现出色的。

另外，学历高的员工往往在待遇上表现得过于精明和敏感，学历一般的员工则相对迟钝，偶尔有一些意外的加薪或奖金，会表现得更有凝聚力。因此，我更喜欢教育经历一般但综合素养较高的员工，会觉得更有性价比。

员工招聘

创业公司除了待遇无法达到大企业水准之外，办公环境也是一个很重要的不足点，好的办公环境需要更高的房租和管理费用，小企业只能选择将就的办公场所。工作5年以内的员工对办公环境的选择，甚至超过对待遇的选择。曾经听一个年轻人讲，只要能到上海金茂大厦工作，打扫卫生都愿意。这个例子虽然有些极端，但一斑窥豹，从侧面说明刚刚踏入社会阅历尚浅的年轻人在很大程度上会受虚荣心影响。小公司那点儿投入，如何能到上海金茂去租办公室呢？

初创公司除了每天在为钱发愁以外，每天都在招聘员工，并不是需要多少员工，而是合适的且愿意留下来一起打天下者寥寥无几。来了三个走了两个，很无奈。如何从茫茫简历中找到适合自己企业的可用之才呢？这是一项技术活，需要不断练习才能练就一对火眼金睛。

首先，是否招聘刚刚走出校园的学生，是一个值得探讨的话题。一个团队需要进行合理配备，理想的有效率的团队应该是有经验老到的员工，也有新入行的新手，这样可以形成师傅带徒弟的局面，形成“服从”效率。全是师傅或全是徒弟都不利于团队建设和提升效率。全是师傅容易形成工作冲突，全是徒弟又无法形成生产力，做出来的东西成了“学生作品”，公司成了高校实验室。

其次，企业需要一定量的有经验的员工来撑起公司的骨架，才出校门的员工短时间无法达到重用要求，有些员工甚至连应当怎样成为企业员工的基本知识都欠缺，要真正走上为企业服务的道路需要很长的培养和实践过程，脆弱的初创企业不允许有这么长的时间供员工学习。有工作经验的员工能够很快适应和领会创业企业的工作环境，迅速进入工作状态。同时，超过5年工作经验的员工，尤其是曾经进入过企业中层的员工，对公司的工作环境和报酬相对容忍度较高，不会过分在意公司的办公场所和环境，心态也相对于刚参加工作的员工要稳定很多。但是，有多年工作经验的员工，要价自然要比初出茅庐的年轻人高，尽管如此，有经验的员工还是必需的。

孙悟空、猪八戒还是沙僧

马云经常拿西天取经类比创业的过程，我个人认为非常贴切。除非特别幸运，前人的经验告诉我们：创业是一项艰难的活动，过程中会遇到各种艰难险阻，经历九九八十一难才有可能到达成功的彼岸。这就好比唐僧取经，一路上有无数的妖魔鬼怪在等着他，坚持到最后才可能取得真经。

信念的确是创业成功的一大法宝，唐僧誓死必达的信念值得全体有事业理想的人学习。

团队也是一样。《西游记》中的孙悟空、猪八戒、沙僧其实是芸芸众生的典型代表。在现实社会中，的确有一小部分人非常有能耐，但很难受约束，这样的员工是否能招聘到就是一个难题。他们往往对薪水的要求远远超出公司能够承受的范围，对初创公司更是如此，甚至不动用猎头根本不可能找到这样的能人，而观音菩萨就是唐僧的猎头。孙悟空找到之后，还要有一套念经的本事才能让孙悟空为取经所用。猪八戒是大量有一点儿小本事，好吃懒做员工的典型代表，这样的员工到底有没有用呢？答案是有用，他们是团队的润滑剂，有利于团队持续性作战，关键看怎么用好。每个公司都有一两个吃苦耐劳，老实听话，但能力平平的沙僧员工，这样的员工最可靠，但光有这样的员工，公司的事业无法成功。

作为企业的管理者，首先对自己从事的事业要有绝对的信心和持续的热情，才可能引领团队在重重磨难中前行。其次，需要寻找到有突破能力的员工为我所用，开创我们的事业版图，无论是技术研发还是业务销售，都需要一两个有开拓精神的团队成员。其他大多数员工都是猪八戒和沙僧这样的普通能力员工，要有一套激励和监督机制，促使他们做到最好。

如果把企业的团队与足球队作类比，我们需要像孙悟空这样的前锋破门得分，需要众多的像猪八戒这样的中场球员进行默契的配合，还要有后场任劳任怨的沙僧把守大门。拥有这样的组合，我们才有胜出的希望。

一个好的团队全部是能人或全部是老实人都不可能成功，需要各种性格特点的人进行合理搭配，才能做到张弛有度，在产品竞争的长跑中胜出。

留住有价值的员工

我们从事的事业属于IT行业，这个行业的特点是人才流动快，尤其对于IT行业中的最前沿企业。

对于移动互联网来说，技术革新每天都在发生，在这个行业里就业的人，每天都需要不停地学习，因此能够符合行业就业要求的人本来就有限。同时，这个行业又是最容易进入的行业，因此，新加入的创业公司层出不穷，政府导向的全民科技创新创业也在推波助澜，人才的竞争进入白热化。

在这种用人背景下，今天来明天走的员工比比皆是，能够在公司干上两年的员工已经算是资深员工了。对于没有工作经验的员工来说，一旦学会一些技术，懂得一些经验，刚刚能独当一面的时候，很快就可能被隔壁公司高一点点的待遇吸引走，没有太多的留恋。而对于有经验的员工来讲，则需要提高待遇和提供持续的上升通道才能留住。有的员工甚至要公司提供股权、期权，否则就觉得是在为老板打工，沉不下心来为企业长期服务，员工薪水跨越式地上涨是司空见惯的。可以毫不夸张地说，移动互联网行业的用人难度不会低于任何一个行业。

很多时候，新招聘来的员工都拿着好几家公司的offer，在试用期间，稍不如意，很快就会跳到另一家公司从头试用。我们曾经有一个云端开发工程师的岗位，先后来了5位试用员工，最后全都没有试用成功，着实让人沮丧。这些让人无法忍受的用人问题，都要管理者承受。

对于小公司来说，投入高昂的工资来吸引人才是不大现实的，既然不可能那就退而求其次，通过不同的福利组合达到留住人才的目的。不同年龄段员工的关注和期望是有差异的，一般而言，工作经验较短的员工更看重实际能拿到手的薪资水平，而工作时间较久的员工则更看重公司的未来前景。

公司的氛围和文化主要是管理者来营造，不同阅历的管理者都有自己不同的做法。我的做法是尽可能增加员工的归属感，因为很多年轻员工都是一个人独自在大城市打拼，很需要一份归属感，这就需要在福利的设计上多下功夫。例如，我们在中国传统的三大节日（端午、中秋和春节）会有员工礼品发放。请注意，不是发钱，有很多人力资源经理会觉得发钱或购物卡最方便，实际上，发礼品既有节日气氛，花钱又不多，经济实用。试想一下，发200元购物卡有节日感觉，还是发200元钱的礼品更有感觉？答案是礼品。另外，我们会尽可能计划春、秋两次员工旅游，每周一到两次的茶话会，员工年度免费体检等。企业通过这些相对经济的投入，营造一种家的氛围，使公司更有黏性。

对于年轻员工来说，笔记本电脑也是一种福利。电脑用得称心，才会更有干劲，有时候用较好电脑的员工会有被重用的感受。

有句老话叫“铁打的营盘流水的兵”，这句话用在企业身上就是“铁打的公司，流水的员工”。公司刚成立的时候，一切都是新的，时间长了，员工来的来走的走，很多用人的问题就一个个冒出头来。员工到公司来工作，或是看好公司的前景，或是薪水符合员工预期，或是做的事情符合员工的兴趣。员工想离开企业也会有很多原因，有想回家乡工作的，有女朋友不在身边的，有父母生大病需要长时间休假的，凡此种种，不一而足。还有一种离开的原因比较普遍，就是员工刚开始是冲着学东西来的，当他自身的技能达到一个高度后，就开始不安于自身的薪资水平，工作状态变得烦躁，不安于现状，因为在其他公司，他目前的技能可以获得更高的待遇。尤其是当下互联网成为新兴产业的热潮，经常发生抢人大战，人员流动非常频繁。我们公司尽管招聘的很多都是三流人才，情况也不例外。

读者要说了，提高点儿待遇不就留住人才了，话虽这么说，但加薪作为公司的重要制度，是不能随便用的。一个企业不能完全靠待遇留住有用的人才，加薪本身也会带来很多副作用。尽管公司有薪水保密制度，但没有不透风的墙，员工的薪水久而久之员工互相之间大体都有个数。因此，在加薪的问题上，不能随意而为，还是应该遵循多劳多得的原则，才能显示制度的公平性，否则随意加薪不但没法取得应有的留住人才的效果，反而容易引起员工间的不公平情绪，导致恶性循环。

对于轻资产的技术型公司来说，员工的薪水是一项最大的支出项，处理不好，就很难控制企业运行成本。我以前有一个老板非常成功，有一次聊到公司资金的问题，他说了一句振聋发聩的话。他说，一个公司就像一片池塘，池塘里有水的时候，碧波荡漾，一切看上去都那么美好，一旦没有了水，池塘底下所有的垃圾都会露出来，看上去一塌糊涂，各种矛盾就都来了。多么发人深省的话！池塘里的水就是公司拥有的现金。手头紧的公司，矛盾一堆，跟家庭过日子是一样的道理。

如何在投入有限的情况下把产品做到最好，获得用户的认可，这是初创公司需要持续修的功课。

要想做出好的产品，就要留住有价值的人才，那如何在没有钱的情况下，留住有价值的人才呢？在一个团队中，管理者首先要发现人才。一个有相当价值的员工至少在几个方面得分较高才行：技能、责任心、沟通力。技能好的员工可以保证管理者无须所有的技术细节亲力亲为，那样会被累死；责任心强的员工可以保证公司产品的质量可控；沟通力，说白了也就是情商不能太低，一款产品的研发效率跟团队是否有效沟通关系密切，同样的员工，沟通不好，效率会大打折扣，投入成本会直线上升。很多名牌大学的高才生其实并不善于沟通，只管自己闷头做，最后做出来的东西根本不是市场需要的，白白浪费研发投入。

员工在厦门鼓浪屿的旅游合影

记得“经营之神”王永庆说过一段衡量有价值员工的尺度的话：“对产品品质重视的员工会有大的作为！”我完全赞同这一简洁的人才判定观点。其实说白了，对品质有要求的员工自然就有责任心，就会有更大的耐心对产品进行改进。经验告诉我，一件事情做到75分非常容易，但是从75分做到90分以上就非常困难。这里的困难，不只是技术实现的难度，还有耐心和对品质要求的信念。一件哪怕是再简单的作品，要想做到脱颖而出都是要付出超常的心血和汗水的。

在日常工作中，我也获得了衡量员工价值大小的标准，那就是精确度和效率。知道什么样的员工是有价值的员工之后，接下来就是要想办法让这些优秀的员工为企业所用，长久地创造更大的价值。

管理员工跟做销售的道理是一样的，需要对员工“投其所好”。不同年龄阶段的员工喜好和关心的东西有很大的不同。

根据我的经验，工作经验在1—3年的员工，最看重的是短期的薪水回报；3—8年的员工，看重的是升迁的机会；8年以上的员工看重的是公司的长远发展，以及能给个人带来的非工资收入回报，例如期权或股权回报。因此，在管理实践中，需要针对不同阶段的员工给予不同层次的回报设计，才最有效果。

针对互联网技术人才行业薪水高速增长的现状，我们要制订每年一定幅度的加薪政策，在年中或年终要执行到位。例如，初级员工加薪的平均数在

15%左右，中级员工因为薪水基数较高，加薪的平均数可以设定为10%左右，高级员工以期权和股权激励为主。

公司虽小，福利也要逐步健全。在人力资源管理学中有一个重要观点，即福利是最经济有效的投入。对于刚刚毕业的大学生而言，到大城市来打拼，无依无靠，他们始终在不停地寻找归属感，如果这时企业恰恰能给他们一点儿归属感，团队就会变得更加稳定，更加有效率。

作为一家中国公司，年终奖是必须要发放的。在某种意义上，年终奖的发放数额可以反映一家公司的经营状况。同时，年终奖也在很大程度上可以左右员工来年的职业发展去向，很大比例的员工会在上年年终奖较少的情况下，第二年选择跳槽，另择他业，因此年终奖的发放一定要慎重。

有的公司年终奖制度很成功，值得借鉴。一般的企业发放为月份工资的100%，他们年终奖发放比例略高，发放120%—150%。但并不是一次性发放到位，而是先发一半左右，剩下的在第二年8月份以后发放，这样即便员工来年开春就离职，公司的损失也会降到最低。实际上，大多数员工会因为年终奖还没有拿全，选择继续留到下一年，直到9、10月份已近年底，也就不会再有跳槽的冲动了。这样的年终奖发放方式似乎是在耍员工，其实不然。实际上，很多年轻员工涉世未深，阅历尚浅，跳槽带有一定的盲目性，频繁跳槽对他们的职业发展并没有好处，技术经验得不到积累，长时间内频繁变换工作并没有收获。而恰恰相反，很少跳槽的员工反而逐渐能够得到企业重用，进而开启人生收获期。

美国加州创新团队

传说中的系统架构师

在移动互联网产品的研发中，系统架构师岗位显得至关重要。系统架构师就好比一座大楼的总设计师，如果架构设计得不好，就会成为一座危楼，施工人员花再多的时间和辛苦也于事无补。系统架构师也相当于传统工程项目的总工程师，在团队中的地位是比较高的。在高速发展的互联网行业，好的系统架构师尤为抢手，初创企业没有多少研发投入，既想省钱又想找到好的人才，难于登天。很多企业将系统架构师安排到技术总监的岗位，再给予公司股权，绑在一起创业，也不失为一个好办法。此时此刻，一名一流的系统架构师的年薪至少也要人民币50万元，即便在消费水平相对北上广较低的南京也不例外。

系统架构师最值钱的是经验，不仅要求有多年实际的云服务编程经验、架设服务器的经验、配置数据库的经验，还要求有一定的团队管理经验。即便是很有经验的系统架构师，也未必对每一种产品的使用环境熟悉，也需要不断学习调整，才能建立起适应产品需求的系统数据模型。

我曾经面试过很多系统架构师，技能或高或低，但共同的特点是都要求很高的薪水。有的薪水稍低就不愿意干，有的干了几天就离开了，说要求太高，管理太严格太辛苦。考虑到我们公司的小庙养不起大和尚，后来索性由我兼任云服务的系统架构师。其实回想起产品研发的每一个阶段，不禁感慨良多：技术是死的，人是活的，不懂的东西，学习永远不迟。在最开始设计产品的云服务端时，考虑的只是要长期稳定地运行，并没有考虑到巨量设备和用户的并发访问问题。经过长时间的改进，我们的云服务模型经过几次大的技术变迁，现在变得稳定而高效，已经演变成全球同行中首屈一指的产品。我想，即便当初找一个再高明的系统架构师，这些需求的变迁也是要适应和不断改进的。

在解决技术问题没有头绪的时候，找懂行的和有经验的人来面试是个捷径，一个不行来三个，一番探讨之后，问题便迎刃而解，而且不花一分钱，非常经济。

我们有一个股东的公司的人才配备都是高大上，基本的中层年薪都在50万以上，他很多次建议我找高水平的系统架构师来担纲产品搭建，我犹豫再三，还是没有采纳他的建议。没有钱的公司和有钱的公司做事方式就是有差别呀，而且我个人的性格偏保守，产品研发两年下来，最后证明我的做法是正确的。对于小公司来说，现金流随时可能断裂，从而导致公司关门。活下去才是硬道理，钱要花得值才行。

精细化管理

有时候对员工的管理要像管理自家孩子一样，处处留意，处处关注，一个不小心就有可能行为跑偏。这话听上去好像有点儿夸张，实则不然。我经常打这么一个比喻：人的思维受站的高度影响，站在10楼的人视线所及，站在1楼的人未必看得见。一个公司的管理需要在一根统一的指挥棒下行动。因为看到的全景不同，很多产品方向、功能会有分歧，甚至争吵。有争吵其实是最好的现象，怕就怕有的研发人员根本不爱交流，闷头一直做，结果最后出现方向性错误，浪费大量的时间不说，反复几次之后就会变得士气低落，团队分崩离析。因此，管理者最重要的事情就是指明方向，然后用大量的时间进行沟通和监督执行，并验收成果，保证质量。管理者最应该避免犯的错误就是无法明确给出方向，执行过程放了羊。

在人力资源学里，对20人以下的小团队提倡走动式，人性化管理，对于50人以上的团队则强调制度化管理。所谓小团队的走动式管理，其实就是沟通管理。有效的沟通管理能够大幅度提高生产效率。据说，一个人最多能够管好10个人，这一条已经成为包括BAT在内的各大互联网公司普遍认可的真理。因此，团队在逐渐成长的过程中，金字塔管理模型看起来不可避免。所谓的精细化管理，也就是说所有团队成员的工作行为都要尽可能细化，并在管理者掌控范围内。

在西方国家，最近一二十年，很多管理学者提出了大量新的管理模型，比如扁平化管理模型等。但在我个人看来，金字塔管理模型仍是当今最经典最实用的管理模型。在打造金字塔管理团队的过程中，需要建立好管理节点，好比竹子的节，有了节才能稳步成长。团队中的“节”就是干部经理。有了这些中层，团队的任务就有了组织依托，否则1人抓10人的工作，既不专业，也会累得够呛。

在我们的管理实践中，有效的管理方式的确还是严格的管理和暖心的关怀。员工需要舒适的工作环境、好的福利，干得好要有奖金。同时也需要监督和惩罚。我们根据科技产品技术研发、测试、销售的特点，制订了考核机制。每月考核得分高的员工自然就回报多，得分低的员工需要及时帮他（她）指出不足，并督促改进工作。值得一提的是，我们的打分人员并不是一成不变的组长或经理，而是以任务为中心，对任务负责的人员才有打分的权力，这样可以保证良好的团队执行力。

根据实际管理的需要，我们将考核表分为这四个部分进行打分：能力、效率、敬业度以及责任。其中敬业度包含出勤率，该项由负责考勤的人力资源部单独打分。

下面就是我们实际使用的员工月度考核表模板，有兴趣的读者可以参考。

2016年月度考核表

<table>
<tr><td colspan="2" rowspan="2">姓名</td><td colspan="2" rowspan="2"></td><td>组别</td><td>硬件组</td><td>考评月份</td><td colspan="2">2016/05</td></tr>
<tr><td>总分</td><td>120</td><td>考核得分</td><td colspan="2"></td></tr>
<tr><td>类别及分值</td><td>考核项目</td><td>得分</td><td colspan="6">考核标准</td></tr>
<tr><td rowspan="2">能力（30分）</td><td rowspan="2">创意力（主动思考问题及设计）</td><td rowspan="2"></td><td>描述</td><td>处事善于规划，并主动思考问题的根本原因，能提出优秀的解决办法</td><td>处事有方，能自动研究问题及创新</td><td>能把握重点，稍加指导即可</td><td>推磨型工作方式</td><td>处事草率</td></tr>
<tr><td>打分</td><td>10</td><td>8</td><td>6</td><td>4</td><td>2</td></tr>
</table>

续表

类别及分值	考核项目	得分	考核标准					
能力（30分）	主要技能（解决问题的能力）		描述	主要工作游刃有余，触类旁通，有很强的学习能力	完全能够胜任分内的工作，能够独立解决问题	基本可以完成分内的工作	需要花费他人大量时间帮助下才能完成工作	不能完成分内的工作，经常无法推进而导致放弃
			打分	10	8	6	4	2
	多种技能及学习提高能力（主动学习及组织学习的能力）		描述	至少有三种以上技能熟练，可以随时进入新的项目组承担新的任务，主动想办法组织学习，提高技能	至少有两种技能熟练，可以同时在不同的项目组效力，主动向别人学习自己不会的技能，注重提高	有一定的不同技能，但不熟练，愿意学习新技能	只会一种技能，不愿意提高	一种技能都不熟练
			打分	10	8	6	4	2
效率（40分）	工作效率（研发推进情况，以任务管理系统为主要依据）		描述	工作积极迅速，效率高，每次均能在计划的时间提前完成任务，迅速发现工作中的问题，并协调解决	工作积极，效率佳，按时完成工作，能够及时发现工作中安排不妥当的问题	工作效率一般，偶有失误，不思考工作安排的合理性	工作效率较低，错误较多，需要监督，不问则不主动汇报	工作拖沓，加班时间没有工作内容，无节制地消耗工作时间
			打分	15	13	11	7	3

续表

类别及分值	考核项目	得分	考核标准					
效率（40分）	协调力（态度与积极度）		描述	能主动考虑不同工种间的协调配合，并主动讨论	能够考虑到不同人员间的对接，并主动调整自己的工作部分	能积极配合工作内容调整及修改	需要长时间多次协调	协调很困难
			打分	10	8	6	4	2
	细心度（以文档和代码质量为依据）		描述	认真积极主动，不马虎，问题少，能够独立完成文档编写，很少出错	工作积极认真，能接受批评指导，勇于改错，能独立完成工作文档	工作认真，发现错误时能积极改正，缺少文档编写能力	不够认真，等待别人发现错误，改正较及时，无法编写文档	工作不积极，经常出错，漫不经心，无法编写文档
			打分	5	4	3	2	1
	收尾能力（最后是否需要更高主管把关及解决问题）		描述	有把控项目各方面细节的能力，重视产品质量，有足够的耐心，并能及时发现问题，能用正规的文档格式进行主动交流	掌握整个项目的各部分之间的关系，能在上级指导下完整按要求做，文档符合规范	能按上级要求及时进行改进和补充，但主动性差	事情总是完成一半，不愿意提高工作素养	完全不知道怎样做，也不愿意请教，敷衍了事
			打分	10	8	6	4	2

续表

类别及分值	考核项日	得分	考核标准					
敬业度（30分）	在岗情况（该项由人力资源部打分）		描述	全勤，甘于奉献，以公司为家	很少请假，当月请假在半天以内	当月请假1—2天	当月请假超过2天	
			打分	10	8	6	0	
	加班及早退情况（该项由人力资源部打分）		描述	当月未有18:00之前离开公司情况	当月18:00之前离开公司3次以内	当月18:00之前离开公司超过5次或每周加班不足6小时，当月加班不足24小时		
			打分	10	6	0		
	热心与正能量（人缘情况以及主动承担的主人翁态度）		描述	在本职工作之外能欣然与别人合作，把公司的事当自己的事，眼里有事，主动承担	愿意协助他人，分担一些自己能够承担的工作	一般都能协调合作	鲜有合作的行动，经常愤愤不平，不通过正常渠道沟通	不能分担工作，经常在员工中煽动负面情绪
			打分	10	8	6	4	2

续表

类别及分值	考核项目	得分	考核标准					
责任（20分）	解决问题的主动性（组员）		描述	忠诚服务，锐意进取，主人翁意识强，每个问题都高度关注，并尽快想尽办法解决	处事稳健，对分内的工作主动承揽，主动解决问题，回复有一定滞后	有一定责任心，但需上级反复指点	处事较为被动，责任感不强	推诿责任，拖延时间
			打分	10	8	6	4	0
	主管责任（组长）		描述	组内工作与事务提前安排，井井有条，分配到组内的事情有跟踪，有结果，对组员有清晰的工作要求。硬件工作台有清理责任人，软件后台有两人以上可以进行应急维护	组内工作每周计划清楚，组员清楚自己的工作任务和目标，并能按时完成。对组员有要求	组员清楚自己的工作任务和目标。修改过的问题有测试流程	组员之间沟通不畅，工作计划不清楚或经常遗漏。硬件堆放没有规矩，一塌糊涂。服务器后台没有应急预案	推诿责任，组内事务出现重大问题
			打分	10	8	6	4	0
	问题响应速度		描述	反馈的问题高度关注，即刻响应，并必定会在当天回复问题解决的结果	问题有详细记录，能够及时反馈，解决问题	能够在上级催促下解决问题	问题没有记录，时常忘记要解决的问题	自由散漫，经常忘记上级交代的事情
			打分	10	8	6	4	2

加班与效率

我敢说，绝大多数IT企业管理者都碰到过有关员工加班的难题。对于IT企业激烈的竞争以及快鱼吃慢鱼的生存环境，没有哪一家创新公司会对员工朝九晚五的工作时间无动于衷。在国内，知名的IT企业加班更是不能回避的问题，有的企业员工的加班时间甚至超过白天工作日的累计时间。

另外，员工本身其实也有在合适范围内多加班的期望，这是员工的一项工作权利。像我们这样的创业型企业，有谁愿意加盟，一起推动事业的发展？毫无疑问，只有那些能力相对较平、吃苦耐劳的小伙子和姑娘们乐于加入。这些员工大多跳出农村进入大城市一个人打拼，无依无靠，美好的生活全要靠自己一点一滴创造出来。因此，在业余时间相对充裕的前提下，大多数员工还是希望公司能够提供增加工作时间提高收入的机会。尤其对于没有成家的年轻人来说，周末双休的时间太长了，他们很乐意用一天时间来为公司做更多的事情。

在日复一日的工作和加班的过程中，自然而然就会出现工作效率低下的问题，有时候甚至会出现加班反而没有不加班工作效率高的情况，谁叫我们招来的都是好逸恶劳的猪八戒类型的员工呢！

为了获得工作时间和工作效率的平衡，我们在发放加班费时，会综合考核时间和效率两个因素。我们鼓励员工通过加班为公司创造更多的价值，但是不提倡无节制无效率的加班。我们在关注员工工作效率的同时，也倡导员工多运动，保持良好的身体状态。

在对员工工作时间进行严格考勤的同时，我们对加班费的计算采用阶梯计算法，对于在一定加班时间范围内的加班给予全额甚至超额的奖励，对于效率低下、加班时间太长、没有贡献的加班给予折扣计算。这项员工加班回报制度获得了很好的工作回报。

女员工的问题

是否招聘女性员工是人力资源的热门话题之一。由于女性员工在家庭中大多处于相夫教子的位置，在家庭生活中需要耗费大量的时间，是否有足够的时间和精力处理好公司的工作，一直以来都是企业用人争论的焦点。对于初创的IT企业，招聘的又都是年轻的员工，年轻的女员工很快就会面临结婚、生子、产假、哺乳假、育儿琐事缠身等诸多问题。当然，女性员工也存在某些先天的职业性格优势，例如普遍较细心，普遍比男员工更有责任心和爱心，比男员工更有沟通力，情商普遍较高等。而这些职业特性对于我们多工种的智能产品的研发和生产来说，有的是很需要的。在一个智能产品团队中，没有女性员工是不可想象的。如何合理搭配团队性别和性格组合是管理的一门艺术。

在我的管理实践中，我发现女员工大体分为两类：一类是民兵排长类型的，这类女员工吃苦耐劳，做事有主见，有担当，能够撑起项目的半边天。还有一类是丫鬟型的，这类女员工很听话，不爱出头，但是做事比较仔细，善于沟通，对集体有依赖感，不容易离职。这两类女员工，适合不同的工作岗位，搭配得好，对整个团队的运行效率是有很大帮助的。

在启用女员工安排工作岗位的时候，需要预测她们何时会发生婚假、产假等大事件，在大事件到来之前，做好工作接替预案，以保证所有的工作岗位不可因为女员工的大事件而中断，影响公司产品的正常研发或运行。

当然，很多事业心强的女员工大事件来临的时候，并不太会影响工作。我就曾经遇到一位特别敬业的女员工，产假一个月之后就全天上班了，敬佩之余，对于她的这种敬业行为，公司自然也很慷慨，付出了比平时工作高出不少的薪水作为回报。

初出茅庐的或是经验丰富

每一件事物都存在两面性。拿公司的人才来说，企业总是喜欢吸纳已经在社会上摸爬滚打多年，职业经验丰富的人员进入团队，这样既不需要漫长的培训，也不需要在为人处事上从1、2、3开始教。刚毕业的大学生，事事都要从1、2、3开始教，很长时间才能进入职业轨道，这或许就是大家抱怨中国大学质量较低的原因所在。初出茅庐的小伙伴还有一个最大的特点，那就是学了一点儿三脚猫的功夫，很快就认为有了跳槽的资本，东跳西跳。对于用人单位来说，又得从头开始培训一批新员工，如此周而复始，企业就成了新人培训机构，难怪很多企业都不爱招聘刚毕业的大学生，这是有深层次原因的。

但话说回来了，经验丰富的人员好用的同时，也会给企业带来高昂的成本。首先，工资待遇普遍都比才进入社会的小伙伴高出很多，甚至是几倍。其次，训练有素的职业习惯某种程度也或多或少会阻碍创新，很多有经验的员工在试用期非常勤快，一旦试用期结束，就很快变得懈怠，主动思考的冲劲明显大幅度下降，甚至成了不推少动，这些现象在具有8年以上工作经验的员工身上尤为明显。

综上所述，无论是初出茅庐的还是经验丰富的员工，各有各的管理问题。工作经验较少的员工需要采用稳定情绪、提供学习机会、缩短待遇提高周期等管理手段留住这部分慢慢上路的员工，以防止辛苦的培训打了水漂；对于工作经验丰富的员工，更多的要重视绩效激励，发挥他们对事物有一定准确判断的优势。

在一个技术团队中，不可能只有经验少的员工，也不可能只有经验丰富的员工，而是需要两者搭配。老员工可以带新员工，新员工也可以成长为有经验员工的梯队。毕竟，员工请假也是经常的事，每个岗位都需要有梯队补缺，否则可能团队成本居高不下，还偶尔出现工作停顿，非常不划算。

正资产与负资产

在滚滚红尘中，人们熙来攘往，每日奔忙。有的人崇尚勤奋改变命运，有的人则好逸恶劳，碌碌无为。

人也是企业的资产，只不过，有的人是企业的正资产，为企业不断创造价值，使企业每天都在增值；而有的人则是企业的负资产，每天都在消耗企业的价值，每天都在使企业贬值。

善于识别正负资产，并重视培养正资产，减少负资产，是所有成功的企业家的共同点。

什么样的员工是正资产员工呢？简单说来，具有这些特点的员工可以归类为正资产员工：诚信、有担当、高效率、有责任心。拥有这些特点的员工则可以归纳为负资产员工：很不靠谱、言行不一致、低效率、分配的任务总是无法结案。

负资产员工永远都在消耗企业的成本，作为一名合格的管理者，应该在三个不同的层面避免负资产员工扩大。这三个层面分别是：面试期、试用期、考核期。在面试阶段很短的时间内，面试官往往很难准确判断一个人的过往历史和品行。不过面试其实也是一项功夫，有经验的面试人员往往具有较高的识人能力，能在很短的时间内判断出应聘人员属于哪一类，是否适用岗位，人的特质如何，是正资产还是负资产等。是正资产又符合岗位要求自然要留下，负资产则要果断放弃。

按照当前国家《劳动法》的规定，员工一般有3—6个月的试用期，进行实战考察，在面试时夸夸其谈，做出大量超出自身能力承诺，滥竽充数的人员，在长达3个月的工作实践中一定会露出马脚来。这时管理人员要将不符合公司价值观、不符合使用条件的试用期员工及时清理掉。

经过前面两个阶段的筛选，应该说，负资产的员工不会太多了，不过有时候也难免百密一疏。由于条件所限，或某些岗位一时招聘来源较少，为了不对项目的进度造成大的影响，很多管理者不得已留下了一些效率低下的员工。这些员工时间一长，很快就失去了作用，转岗和重新培训也无法激起他们的工作热情。这时候，就应当果断裁撤，让真正能给公司创造价值的员工获得重用。

外包模式

将非核心业务外包出去是创业型公司降低运营成本的较好的方式。很多非核心业务经常会是项目形式的，并不需要常年养员工进行开发，专职员工做阶段性就能完成的事是很大的浪费。对于员工来说，他们有满负荷工作的需要和权利，半负荷状态容易导致难以管理、员工收入无法有效提升等问题。公司将阶段性业务外包出去是最合理的选择。

在国内现有的人才素养状态下，有时候，外包的任务往往比全职的任务完成的效率高很多。主要是因为承接外包的工程师和全职员工所处的位置不同决定了他们的心态迥异。外包工程师是作为额外收入接活干，而且并不是每次都固定能接上活，因此对于找上门来的外包项目格外珍惜，会尽可能地保质保量按时完成，这样，他们就能顺利地接到下一个活。在外包工程师看来，项目做得好不好完全是为了自己的利益。而公司的全职员工就不尽然，敬业的员工会把公司的任务当作自己的任务看待，按时按质将任务圆满完成，而不太敬业的员工则需要不停督促才有可能完成到一定的质量。

在我们日常的研发任务中，电路板设计和App设计就是适合外包的典型任务。电路板的设计工序较多，每一轮设计都要经历元器件选择、图纸设计、打样、焊接、测试等诸多流程才能确定是否成功，需要很高的设计可靠性。平心而论，刚工作一两年的工程师还真不敢让他们独立操刀来设计电路板，一是选择元器件需要比较长时间的设计历练才可能积累一定的经验，二是电路设计不熟练很容易返工，而且只有等到最后一步测试做完才会发现问题，这样就会带来大量的时间和成本浪费。为了尽可能减少隐藏的问题，用有经验的工程师是一个相对可控的办法。一套电路板完成之后，项目阶段性结束，没有更多的工作要做，作为独立的外包项目来做非常合适。此外，长期雇用有经验的设计工程师成本是比较高的。

当然，有些任务也并不太适合用外包工程师来做。尤其是需要大量沟通的项目，在一个团队里面沟通还是比较有效率的，可以有效推进项目的整体进度。

尊重有经验的工程师

对于一件工业产品来说，可靠性非常重要，而可靠性又往往是不断改进的结果。拿生产汽车来说，很多知名品牌的汽车每一年推出的新车其实都只是在上一年产品的基础上做了少量的创新和改进，如此小步地推进。小进步的叠加累积，成就了强有力的竞争产品。

近些年，互联网的突飞猛进似乎给了我们一种错觉：小的产品改进根本算不上创新。这跟互联网的业态有很大的关系，互联网往往是通过软件应用、互动获得传统商业领域的改进和颠覆，可以算得上是天翻地覆。不过，你也会发现，凡是有硬件的IT产品更新往往就不那么快，最主要的原因是，批量的硬件一旦出了工厂，如果发现问题就基本上成为废品，无法修改，而软件是可以随时修改升级的，纯手机App软件即便出现一些故障也不会酿出什么大祸，而硬件则不同。例如汽车，突飞猛进会得到无法收拾的结果，哪怕是一个小零件没有做好，急于推出，都可能导致大面积召回而引起大幅亏损，给企业带来不可估量的损失。这两年电动汽车创新企业特斯拉就试图尝试以互联网的速度进行产品创新，而且也推出了市场反响非常不错的产品，但是在无人驾驶技术还没有经过大量技术验证的前提下，就急于推向市场，结果导致数起车毁人亡的严重事故，不禁让人唏嘘！这就是一个典型的工业产品冒进创新的案例，全球的工业设计师们都在引以为戒。当然，此时此刻，马斯克已经意识到冒进的危害，也正在工厂督促特斯拉最新产品的安全性能呢！

工业产品持续改进的背后，是无数工程师经验的累积，工程师的经验是整个社会不断前进的财富。

在当今中国，整个社会在高速发展中，人们的心态容易处于浮躁状态，工程师也不例外，似乎过了35岁的工程师就应该退休了。很多中国创新的工业产品都是初出茅庐的小伙子东拼西凑模仿的结果，很多宝贵的工程经验无法得到传承。虽然这些产品外形和功能看上去没有什么大的毛病，但是一旦长期使用，过不了多久，问题就会一个个出现。这一点在发达国家就大不一样，在我曾经工作过的美国软件公司中，50岁的IT工程师随处可见，更别说像汽车、浇灌系统这样更传统的行业了。

在效率和质量面前，我们自然或不自然地优先选择了效率，在中国成为全球第二大经济体的今天，我们或许要更多地关注产品质量，更重视产品的品质优势竞争，全社会应该更尊重有经验的工程师在整个工业产业链中的地位。

家庭与事业的平衡

每个人在社会上生存都要面临一阴一阳两面的平衡，对于家庭和事业，往往被迫作出选择。一个人的精力是有限的，要么侧重于家庭，要么侧重于事业，必须在每一阶段作出选择。家庭和事业都做到完美几乎是不可完成的任务。但是，家庭和事业同时又是互相依存的关系，一个人工作事业不理想，会影响你的收入和社会地位，从而导致家庭矛盾重重，甚至无法维系，直至婚姻破裂也屡见不鲜。反之，如果家庭不幸福，工作也没办法做好。因此，作为一个有责任感的人，家庭和事业都需要兼顾，而且要尽力做到最好。

生活和工作如何实现合理的平衡，古往今来都是一个永恒的话题。除了有所侧重以外，似乎也没有特别好的办法。林语堂先生曾经写过一本《生活的艺术》，读来颇有收获。不过，当今这个时代生活节奏要远远快过从前，社会竞争又异常激烈，每个人的能力和机遇各不相同，很多人甚至全部精力投入工作中也未必能出成果，更别说兼顾好家庭了。现在经常有人提到“情商”这个词，情商甚至比智商还重要，事业、生活都离不开情商。

说到这里，又不能不抱怨几句中国式教育。诚然，中国从古至今的教育都有独特的教育理念和方式，不过，眼下中国式教育越来越不能适应时代的发展，很多不合理的教育思想越来越突显。有两样东西我们每天都要用，每天都接触，那就是理财和交际。这两样东西对我们的一生如此重要，我们在学校接受十几年的教育却很少涉及相关内容！当然，很多人通过在社会大熔炉中进行重新学习，也学得很好。学得好的，自然成了人生赢家。

员工归属感

我们团队的平均年龄不到30岁，以大学毕业工作5年以内的居多。这些员工普遍出身普通家庭，来到大城市工作没有更多依靠，一般都是在离公司比较方便的地方租房居住。

年轻的员工大多未成家，在远离家乡的大城市打拼，非常渴望归宿感。因此，在公司的经营过程中，我们也特别重视员工归属感建设。实际上，我们都把公司当作一个大家庭来经营。尽管初创公司各方面的条件都比较差，福利也不够完善，但是作为管理者，我们还是希望像家长一样，对每个家庭成员尽可能做到公平、有关怀，尽可能树立公平竞争、多劳多得的公司氛围，绝对不允许员工有任何特权。

作为城市移民一代，我个人对在外打拼的员工感同身受，非常理解未成家之前的那种漂泊感。因此，在公司的日常制度设计上，在条件允许的前提下，尽可能多考虑员工的利益。端午、中秋和春节在中国被称为最重要的三大传统节日，我们在三大节到来之际，一定要为员工安排节日礼品，有计划回家的员工可以作为孝敬父母或慰问亲友的礼品。

年轻的员工一多，结婚生子的请假经常接二连三地出现。对于这个问题，我们的原则是在不影响工作的前提下，尽可能让员工多一些时间面对人生的重要时刻。

在公司里，员工之间的相处是以大家庭待人之道为相处大原则。我们团队虽然有多位美籍华人股东，公司的文化依然以中国家庭文化方式为重，大家互爱和谐，相处融洽。

如何带好“90 后”

在“90后”逐渐占据人事表格主要区域的当下，作为管理者，要学会适应“90后”群体的思维方式，并要学会站在“90后”年轻人的生活状态角度思考问题。

作为在物质丰富背景下成长起来的一代，“90后”群体与“70后”“80后”有很大的差异，具体在群体共性上主要表现为更自我，性情更浮躁。

加薪制度是公司的核心制度之一，对于“70后”“80后”的员工来说，基本都是以被动加薪为主，也就是说在员工的意识里，努力表现，公司自然会有加薪安排。但在“90后”这里，基本变成主动加薪意识，心情哪天不好，突然就会向老板提出加薪，这都是常有的事。起初，我真的很难理解，一位才工作没几天，什么技能都还没掌握的员工，事情做得一塌糊涂，谈到加薪时，账算得比老板精细多了，算盘打得比谁都精。我绝对不会容忍“会哭的孩子有奶吃”的事情，提出加薪次数多薪水就比其他员工高，这是绝对不允许的。实际上，要带好一个团队，每个领导心中都会有一把尺子，优秀能干的员工薪水一定会比不愿意付出的员工高。

为了把握好员工管理尺度，同时也不挫伤年轻员工的积极性，当着每次主动提出加薪的员工的面，我的办法是提出相应的进步要求，只要能达到领导的要求，就能兑现加薪承诺。这样员工既有往前奔的希望，也有了提升自己的目标。

总之，无论是喜欢主动提加薪的员工还是习惯于被动加薪的员工，我们尽可能做到公平合理，公司的文化是不能让“老实人”吃亏，“老实人”吃亏的文化会严重损伤团队的战斗力。

让团队适应知识更新

产品在不断改进的过程中必然持续产生大量的新知识点，这其中包括很多新的产品工作原理知识以及大量工作细节知识。对于参与开发的团队成员需要掌握的知识，我们一律采用标准开发对接文档的方式，作为设计文档固化下来。对于设备及软件操作细节知识，我们一般是通过实践操作培训，进行知识强化训练。

很多公司对于新进员工会采用长时间培训的方式进行知识训练，我们通常不采用这种方式，而是选择更为实用的即学即用的现场实战培训方式。我们有很多项目经理的培训都选择在项目现场进行，培训的效果比单纯理论培训更好。

除了实践性很强的知识以外，系统性和标准化的知识必须在公司内部集体培训。有关系统性的知识培训，我们依然主张学即能用、分节点培训的办法，不搞铺张培训。

员工决定公司的命运

公司竞争归根结底还是人才的竞争，人才队伍建设和用人在一定程度上可以决定一家公司未来的命运。

一家公司在不同的发展阶段，需要不同的素养人才支撑，拥有与公司战略相匹配的人才方能有效推动公司的发展，太落后或太超前的人才建设对公司的发展都没有好处。

对于一家创业公司来说，需要一定量的前瞻研发人才，但也无须过于超前。过于超前的人才队伍容易导致企业超前消费，形成沉重的成本负担，给企业发展带来不利影响。另外，过于超前的人才队伍往往没有产品打磨耐性，短时间不见起色，很容易放弃，导致团队瓦解，创业失败。

人们常说，成功是熬出来的。熬，需要耐心和韧劲，有的时候，企业发展方向和产品定位都没有问题，只是需要等待市场爆发的时机，如果团队缺乏耐心，将错失良机，最终走向失败。

找到发展方向，进入快速发展轨道的企业则需要整体素质更高的团队和更高层次的人才参与到公司经营中来，使企业获得更为广阔的发展视野，并加大投入，进入长足的发展阶段。

南京技术团队合影

创业者的自身修为

作为一家公司的带头人，创业者事无巨细，每天都有大量的问题等待决策，领导的行为模式很大程度上会深刻影响到下属的行为。因此，领导的行为方式在企业文化中起着决定性作用。

作为一家科技型创业公司，公司领导没有资格享受官僚做派，唯有亲力亲为向员工示范，才可能形成示范合力，快速推动公司发展。创业公司资源极为有限，需要强有力的执行力来保证公司高效运作，然后才有可能获得生存机会。

公司领导的一言一行都影响着每一位员工，领导自身的修为就显得特别重要。尤其作为技术派出身的创业者来说，除了要在产品研发的推动上表现出一丝不苟的专业精神，还要在管理上赋予自己专业化的精神面貌。

在家庭里，你可能扮演丈夫、父亲的角色，在公司里，也要竭尽所能扮演好家长、调味剂角色。

经营一家公司好比做一道大菜，经理人要懂得什么人适合做主材，什么人适合做配料，要在恰当的时候放入葱、姜、蒜，最缺味的时候放入醋、糖、盐。无论是清炒还是慢炖，最终齐心协力完成一道精彩菜品。这些都是想要成为一名技艺高超的厨师需要修炼的内容。

第八章　公司治理

基本准则

冬去春来，时间像流水一般逝去，我们的创业历程已经在艰难中走过了三年时间。在这三年中，除了要制订销售计划，马不停蹄地研发产品，还有一件重要的事情，那就是公司治理。

公司治理这件事可大可小。很多公司老板一人说了算，谈公司治理有那么一点多余，花大量的时间去理顺公司的决策流程和财务制度似乎也没有太大必要。但是，如果一个公司的股权结构不是单纯的一股独大，股东之间每每发表意见就不可避免地要谈到“运行透明化”这几个字。所谓透明化，言下之意就是投资人的钱要花在明处，不能让投资人不放心，要有清晰的公司决策流程，财务上要做到透明，让投资人放心地把资金交给管理层运作。公司决策流程也要清晰，公司研发打算怎么做？市场打算怎么做？做得怎么样？利润如何？这些问题无论是投资人还是管理者，都有知情权，并有必要通过合理的方式参与决策。

一个公司股东数一旦超过三人，公司治理就必然是个问题。

我们公司就属于股东比较多的情况。在最初的技术研发阶段，创始人股东就两三个人，沟通比较简单，用钱的账目也简单明了，很长时间相安无事。后来，没钱了，企业得想办法融资，因此不断有新的股东加入，股东很多，但可能有些股东投资的金额并不大。股东多了，难免每个人思考问题的角度、想法都会不一样，莫衷一是。这时候就需要一个流程相对透明，并具有制度化的治理结构来主导公司的运行，需要有透明的财务制度保证公司健康持续经营。

透明化管理

为了做好“改善公司治理”这件事，我们花了很多时间，股东之间也开了很多次会议，最终总算有了相对规范的治理结构。其中，明确了以下几件公司大事：

1.公司的组织结构。由于我们公司的股东众多，又有美国和中国两个公司实体，对于一家创业公司来说，组织结构已经比较复杂。为了公司运行的效率，我们在美国和中国各设置了一名总经理，均由同一董事会进行一致性领导和决策。

2.中美两国的实体公司各自有自己的财务制度。在人事和财务上，总经理有董事会授权。

3.中美两个公司的经营需要每月列出下一个月的财务计划，并用当月的财务报表与上月月底的财务计划作实际收支对比。

有了上面三项基本工作之后，财务收支就基本实现透明化。我们每位股东，无论在不在执行岗位，每个月都会收到财务计划和实际收支两张报表，这样对公司的运营情况就都了如指掌。

除了基本的财务制度外，公司的很多日常决策都需要做到透明，例如新产品立项、招聘计划、员工加薪计划、裁员计划、项目计划、奖金支出、节假日安排。在我们的经验里，股东之间多沟通是公司治理的最佳解决之道。

越洋协作

市场和品牌在国外，研发和生产在国内，这是我们产品的显著特点。这个特点要求我们必须源源不断地从国外获得产品设计需求，包括外观、功能、交互以及文字等的详尽需求。

好的产品是反复修改，不断改进得来的。反复修改就意味着反复沟通、试验、试用、再沟通。真的要感谢这些年互联网技术的快速发展，要是像以前那样，事事都要通过国际电话进行沟通，那成本绝对是不能接受的。

越洋沟通的方式有很多，例如：电子邮件、Skype、QQ、微信等。有了这些工具，传送图片、声音都不是问题了。我们团队几乎每天都通过这些互联网工具进行长时间的沟通，已经分不清楚到底是在国内还是在国外了，非常便捷。

股东们在美国拉斯维加斯的老街

微信群决策

只要公司在运行，每天就有大量的事情需要沟通决策。我们管理部在微信上建立了一个交流群，无论身在何地，微信留言都能看到，很多事情都是通过微信群进行讨论并进行决策的。

一个公司要想搞好，市场、研发、售后、融资，每一项都不能偏废。这些方面的事情，不是某一个人可以面面俱到的，需要大家群策群力。当然，最后还得有一个人拍板才行，这个人往往就是董事长或大股东。

在一个组织中，需要有一个能够服众的决策人，这个组织才可能具备决断力和行动力，否则就会变成事事讨论而无法决断，矛盾重重。

第九章　质量为本

一年四季总会经历冬天，也许大自然是通过定时的寒冷来淘汰和净化那些虚幻的繁华。

在笔者写这章之前已经停止了写作数月，现在重新拾笔，继续分享创业路上的艰难与困苦。过去的数月，公司智能浇灌控制系统项目遭遇了前所未有的挑战：首先是谈好的融资因为大环境的原因，投资人突然改变主意，在先期支付了一部分投资款之后，决定不再追加投资。这突如其来的变故，让我们手足无措，其次，我们信心满满的产品在进行大面积销售的过程中，出现了意料之外的状况。大量的控制器在启动浇水时，由于没有考虑实际施工过程中现场供电、水泵等复杂情况，出现了一启动就烧坏保险丝的问题，导致控制器无法正常使用。一时间，用户及销售部门纷纷指责我们的产品质量不过关，甚至有用户通过邮件警告、起诉我们，要求赔偿损失。

创业公司几乎每天都面临难题，但这一次压力格外大，我们似乎遇到了一个过不去的大坎。公司上下压力都很大，真的感觉到了生死存亡的时刻。由于资金和产品同时出现重大问题，公司管理层面已经做好了裁员渡过难关的准备。

在背负了重大压力的情况下，我们研发团队不得不冷静下来，分析导致产品出现问题的原因。只有尽快解决产品中出现的问题，才有可能重新获得用户的认可，找到产品生存的机会。

一开始我们就知道我们是在爬一座高山，在技术取得一个个小的突破之后，我们的产品功能越来越好用，产品越来越接近市场的需要，在经历了两年700多个日夜的长跑之后，我们感觉翻过了很多小的山头。岂料本来很有成就感的团队遭遇一盆冷水。如今产品和资金面临重大变故，我们很有挫败感，有一种长期的付出功亏一篑的感觉，心情很是烦闷。

在查找问题和分析原因的间隙，我常常会站在窗口眺望和沉思，静静回顾我们的来路。

每当进退维谷的时候，我习惯于从历史中寻找答案。曾经大量通过技术出口的成功企业，他们是如何跨过困难期的呢？在产品上市的初期，他们都经历过艰辛的打磨产品的过程。我曾经看过的案例就有两家，一家是台湾生活家家居品牌，曾经将不起眼的木地板经过不间断的苦心打磨，最终生产出完全符合美国大厂商质量标准的地板品牌，并获得丰厚的利润，建立起成功的家居品牌。还有一家是大名鼎鼎的日本京瓷，创始人在他的创业回忆中曾经反复提到过初创企业时，他没日没夜地跟员工一起努力，再努力，为了达到高质量标准的半导体电视用陶瓷而艰难奋斗的经历。在经过不懈的产品精进之后，才迎来了最终的巨大成功！

由此看来，一件新产品从诞生到被市场普遍接受，必然要经历重重考验和持续的缺陷改进。从我个人的人生经验来看，一个人或一个团队做一件事情要想做到80分，不算什么难事，但要从80分做到95分以上，就面临非常大的难度，相应也要付出比80分多几倍的代价。这和学习考试道理是相通的。关键的问题在于，市场拒绝80分的产品，被市场广泛认可的都是95分以上的产品，在当今科技产品日益全球化的竞争格局下，只有真正优秀的产品才能在竞争中脱颖而出，95分以上的产品是进入国际市场的及格线。

由此，我想到了“精进”精神的内涵所在，我们必须潜下心来持续精进，才可能打造出一款获得国际市场普遍认可的产品。放下包袱，重新出发吧！

硬件与软件的配合

物联网与互联网技术的最大区别，就在于物联网离不开硬件。而我们这个阶段的产品质量问题也几乎都出在硬件上。回头想想，一年多前投资人的话语犹在耳畔，“做物联网是最笨的互联网创业方式”。从技术层面来说，物联网的确比互联网的头绪更多，难度更大。

除了硬件设计和生产的研发周期相对要比互联网软件周期长很多以外，还存在很多互联网产品从来不会遇到的问题。比如，软件下载到硬件产品中，当已经出售给用户之后就很难再进行软件升级，尤其是采用单片机作为处理器的硬件产品。也就是说，产品一旦交到用户手中，就不能再有问题。这对产品研发的功能测试和质量保证提出了更高的要求。

产品质量问题表现在硬件上主要有两类，一类是硬件产品的功能性问题，这类问题一般在小规模范围内进行测试很少能发现，一旦进入大规模推广使用则可能集中爆发。这类问题，有的是实验室的环境与实际使用环境有较大差异，例如，电压不稳，Wi-Fi连接信号不稳，产品连接的水泵有瞬时短路情况导致保险丝熔断现象等（在实验室只能进行模拟测试）。另一类是硬件与软件的配合问题。由于初创产品功能没有定型，大量的功能都是用户在使用的过程中提出的改进性需求，因此是边改边发布。硬件功能一旦修改，就涉及云端软件的修改，这样一来，研发团队只要有硬件端的改动，就要再做全面的联动测试，稍有不慎就有可能导致软硬件配合修改不当，导致出现新的问题。所以，为了验证和修正一个小问题，反复测试几十次上百次都是很平常的事情，可见研发人员艰辛的一面。

我们的智能浇灌控制器主要用户群在北美、欧洲和澳大利亚，如果用户发现产品存在问题，必须要服务人员驱车前往更换，一般要花费半天到一天的时间，人工成本非常高。因此，出厂的产品就根本不允许有质量问题存在，降低服务成本，才有可能实现盈利。

美国公司的技术人员有一段时间因为产品质量问题，夜以继日地反复为用户更换和调试，付出了极大的耐心和辛苦。因此，让产品尽快达到一个稳定的质量高度，事关我们团队事业的成败。一段时间以来，这成为公司研发生产团队压倒一切的“政治任务”。

测试队伍的建设

在产品功能不断改进的过程中，为了尽最大可能避免升级出现兼容性问题，需要强有力的测试队伍进行质量保证。

我本人曾经在一些跨国公司的软件研发部门工作过，这些公司的研发和测试人员的配比大致为6：4，测试人员多的部门能达到1：1。对于我们这种创业型的公司，没有足够的资金对研发的各个层面进行支撑，那怎样进行测试团队的建设呢？

我们采用的办法，是少量专职测试外加交叉测试来维持测试的效果。所谓专职测试人员就是专门负责产品测试的人员，这类人员一般需要培养3—6个月的时间，才有可能对公司产品的所有细节都比较熟悉。专职测试人员除了要对产品的所有细节都清楚以外，还要掌握一定的测试方法，具备较强的责任心，才有可能做好测试工作。所以，要招聘到一名优秀的测试人员还是有相当难度的。一款产品发布之前，专职测试人员的工作任务会非常繁重，没有新产品发布时，工作又会特别空闲，初创型的公司养着很多时候都空闲的大批人员，成本压力是非常大的。

为了缓解测试人员太少导致无法应对新产品发布的全面测试工作量，我们将研发小组的人员临时组织起来加入测试团队中，硬件研发人员主要分配云端软件的测试任务，云端的研发人员主要测试硬件的功能，实现交叉测试。交叉测试的好处是灵活机动，可以随时组织测试人力，同时，每位参与产品研发的员工对产品的全貌有足够的了解，对团队凝聚力和产品改进大有好处。

在测试实践过程中，我们鼓励测试人员主动提出产品改进建议，由交叉测试带来的优秀产品改进建议不胜枚举。例如，在用户通过手机App使用智能浇水控制器之前，需要进行添加控制器操作，完成这步之后，控制器会获得一个缺省的名称。如果用户想修改这个名字，可以再点击修改名称进行修改操作。在实际使用过程中，因为是软件提供的缺省名称，很多用户添加完控制器之后，很快就忘记了刚才添加的控制器是哪一个。一名参与交叉测试的研发工程师对这一问题提出了改进意见，认为应该在控制器添加完成后，主动弹出对话框，让用户修改为一个易记的名字。我们认为这个改进很有意义，提高了软件的交互友好性，后来，受到了大量用户的欢迎。

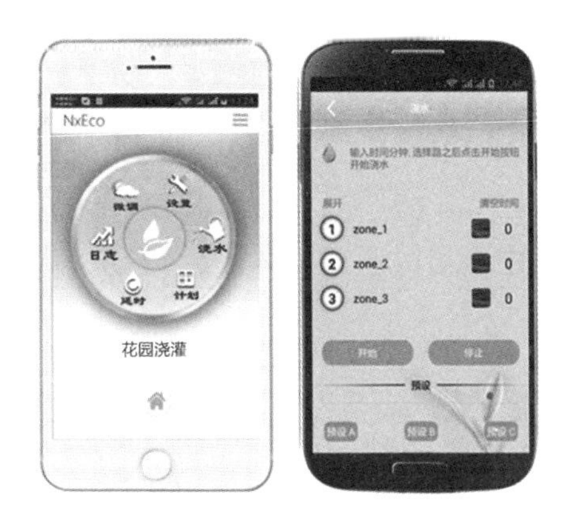

智能浇灌手机App软件

实验室测试与大规模使用的差异

在产品的研发过程中，因为条件所限，不可能所有产品均接上水泵进行浇水测试，既没有场地也很没有效率。我们通常采用的是用指示灯模拟电路开关进行软件的功能测试。这种模拟测试方法一般情况下没有问题，但是在最近的专业园林灌溉大批量使用项目上，出现了意想不到的问题。我们在美国当地的一个公园内安装了40个控制器，用于整个公园绿地和植被的日常用水灌溉控制，结果整个系统刚运行一周，就发现了大量始料不及的问题。

用户出现了很多保险丝熔断无法浇水的情况。这个问题的根本原因是实际的水泵长期埋在水里，水泵加电后导致瞬间短路，出现瞬时的电流过载情况，从而导致保险丝熔断。这个问题在传统的浇水控制器中其实早已解决，其办法是将保险丝更换成同规格的慢熔保险丝。所谓慢熔保险丝就是短时间电流过载，保险丝并不会即刻熔断，而是有一定的延迟熔断功能。这样既可以保护水泵不会烧坏，又不需要频繁更换保险丝。

不同的硬件在工作过程中表现不尽相同，有的设备工作比较正常，有的设备会经常发生重启现象。这个问题，其实在我们平时的测试过程中也偶尔遇到，但是没有引起足够的重视，等大批量的产品同时工作的时候，存在一定概率发生的问题就大量暴露出来。为了解决类似的大规模使用暴露的问题，我们痛定思痛之后，拿出了一个解决方案，一方面将小概率发生的问题高度重视起来，同时，我们搭建起一个批量产品工作测试架，上面部署了超过50台的控制器设备，它们同时工作，以便于观察偶然发生的硬件问题。只有通过大批量、长时间测试通过后的硬件驱动程序，才允许发布给正式的用户使用。

大批量用户的使用给了我们惨痛的教训，也教会了我们如何高度重视产品的每一个细小的缺陷，给了我们重塑产品质量信心的机会。

快速迭代与稳定版本的矛盾

物联网的产品研发与传统产品不同，移动互联网技术一日千里，我们必须在最短的时间内做出用户认可的产品，才可能获得胜出的机会。就在我写出这句话的时候，与我们同时进行该领域创新控制器研发的企业，四家中的其中一家已经被传统巨头之一的Hunter收购。我们在羡慕之余，萌生出更大的紧迫感和危机感。

在产品研发过程中，除了硬件设计的改动需要较长时间外，硬件中的驱动软件、云服务软件和手机App客户端软件几乎每个月都要更新一个版本。快速迭代的最根本原因是对于浇水控制这个行业来说，我们是新入行的，对很多行业内的用户习惯细节并没有系统掌握，技术创新是否有效需要在用户那里获得认可。这是一个漫长的过程，不可能一步到位，只有通过“创新—试用—反馈—修改”这个循环的过程来无限接近用户的真正需求。

在软件和硬件快速迭代的过程中，如何保证获得稳定的产品版本成为一项巨大的挑战。在这个过程中，我们也吃尽了苦头，同时也慢慢思考和实践出一些行之有效的办法，并升级为制度。在软件升级的过程中，云服务和App软件的升级如果出现问题是非常严重的，一个错误很可能导致设备大面积瘫痪，尤其是遇到周末，如果发现问题，就更难快速解决。因此我们有一条规定，每周的周四以后不允许更新云服务和App软件，这样尽可能地保证了软件更新引起的问题能够获得及时的解决，不至于出现大面积瘫痪的问题。

如何处理好功能快速迭代和稳定版本的矛盾是一个值得研究的课题。作为产品研发的负责人，需要根据公司的资源找到一个合适的节奏和平衡点，快了容易出问题，慢了又容易没有效率。小团队的创业过程中，精细的计划和不间断地推动成为我们日常工作中最重要的一部分。

发现深度隐藏的问题

产品的改进永远没有止境。尤其是对于软件产品来说，产品到用户手上多年以后，还完全有可能发现重大的系统问题。我们的产品最近出现的一个问题就有力地证明了这一点。

前几天，美国用户反映我们的浇水控制器的一个软件定时器有问题，用户设置了72小时的定时，结果计时20个小时后就停止了。说实话，我们软件中的定时组件都已经上市一年多了，一直也没有修改过，原本以为非常可靠。后来我们通过大量的测试，发现的确存在这个问题，而且不是必然出现，是有一定的概率会出现。

通过艰苦的软件代码查找，从一个大范围一一排除，最后缩小到一个很小的范围。这个地方的代码逻辑很简单，乍看起来根本没有任何问题，后来仔细分析发现，其中一个软件变量定义的范围太小，每次只能计时9.6小时，一旦超过范围，很快就出现变量越界，就会出现不可预料的情况。我们将该变量范围扩大后，问题即迎刃而解。

这件事虽然是解决了一个小问题，但是暴露出我们开发中的很多薄弱环节。

首先，很多软件工程师普遍没有很长时间的项目历练，代码质量不高，很多代码都是随手写来，如果是很明显的问题，能够通过测试环节发现，但如果是偶发性的问题，就很难在测试环节被发现，最终只能被用户发现，对产品质量产生重大影响。在这点上，我们要杜绝软件工程师的随意写代码行为，多做技术复核，以提高代码质量。

其次，我们没有严格按照设计的规格进行持久性测试，这是我们测试环节的问题。这个定时器最长的定时时间为72小时，结果我们很少有人去测试是否真的走了72小时，往往只测了几个小时就想当然地认为没有问题，结果出现了问题。

最后，代码把关和交叉Review非常重要。其实这个问题修改的时候，负责这个组件开发工作的工程师已经离职很长时间了，其他人拿过代码来仔细分析，用挑剔的眼光才发现原来代码中存在缺陷。在铁的问题事实面前，我们都无地自容，本来以为牢不可破的软件代码，结果漏洞很多。

通常来说，再优秀的软件工程师都不可能百分之百不犯错误，但是又很难发现自己所犯的错误，这时就需要有同工种的工程师做交叉代码检查，才可能大范围减少错误。软件的问题容易修改，但也更容易出现问题，只有以十二分的认真态度，才可能打造出百炼成钢的产品。一件作品需要经过千锤百炼，才能成就品质金身！

给员工的一封信

在我们的产品出现质量问题的时候，我曾经很长时间睡不好，非常烦恼，感觉抓住了东头的问题又冒出西头的问题。研发人员本身素质也不是很优秀，总感觉质量无法执行到位。在经过反复痛苦思考之后，我们认为需要通过心法和制度两个方面来解决产品的质量问题。

下面是我在前不久针对产品研发人员心情浮躁、效率拖沓、问题集中爆发，给员工写的一封邮件，全文如下：

各位同人：

在我的经验里，非常优秀的软件工程师，一般代码的出错概率在20%左右。

我们目前的软件工程师平均水平代码的出错概率在50%左右，算上反复修改的次数，错误率会达到70%以上。

作为软件研发人员，出错是很常态的事，不是大家的错，但是，不重视质量，没有责任心，忽视可能存在的问题，就是开发人员的错！

人的思维是有局限的，请大家务必采用充分测试的手段保证产品质量，来弥补我们思维的不足。

我再强调一下，每一个参与代码编写的人员都可以独立动用测试资源，帮助测试和完善功能。

每一位产品开发人员要有虚心的态度请他人协助测试，工作才能做好。测试出来的问题要有足够的耐心进行反复修改。

简单的事人人都会，也体现不出一个人的价值。有难做的事，是大家脱颖而出的机会！

千万不要把做产品当作只是拿一份工资，实际它是一次心灵的修炼，最主要的是锻炼你的思维，锻炼你的沟通能力，锻炼你的耐心！

拿工资养家糊口是工作和修炼心灵的副产品。

很多优秀的企业家会用一个人是否有“精进”意识，来评判一个人一生是否能最终做成一件事。

无论是世界历史，还是科技产品的历史，都说明一个问题：有成就的人都是对自己有要求的人。

请大家共同“精进”，为自己的未来，通过做好产品，修炼心灵，获得高的人生回报和光明的未来。

与大家共勉！

第十章　销售课题永远无法回避

面对何种市场

一种产品有N种卖法，就看你会卖不会卖。

在最初产品定义的时候，我们并没有考虑太多关于如何销售的问题，我们只立足于“我们研发出来的产品在最终用户那里是有市场的”这一理念。不过等产品做出来后，如何高效地推向市场成了最重要的问题。这种设计产品的方法实际上是闭门造车，极端错误！一个好的产品在设计阶段即要考虑销售环节，而且要作为一个重要环节进行考虑。商业模式有时甚至会影响到产品外观及功能定义。随着对产品认识的加深，对这点的认识也越来越深。销售不是脱离于产品设计的，这也是技术背景的创业者在做产品设计时最容易犯的错误。

通过观察，我发现互联网和物联网产品能够创新成功的案例依然集中在人们的最基本的原生型需求上，也就是刚性需求。这些原生型需求不外乎衣、食、住、行、用这五个领域，是我们每天生活都离不开的。解决人们的痛点问题依然是产品的立足根本，只不过，创新产品的价值在于要比传统解决方案更加有效，甚至要超出一个数量级别的有效，用户才愿意为新产品埋单。

第一批产品运抵美国加州

我们立足于要解决的问题，是人们如何实现自动浇水的传统问题，只不过我们提出了更高效的解决方案。我们通过更先进的实时气象数据软件服务方式，更智能地解决了这个刚性需求问题。

政府补贴

我们的产品在研发阶段正好遇上美国西部处于极端干旱时期。2015—2018年，美国政府为了鼓励居民节水，推出了两项重大政策：一是要求居民庭院浇灌用水实行单双门牌号批准制，没有轮到浇灌的用户擅自浇灌花园会被处以罚款；二是居民更换通过美国环境署认证过的节水浇灌控制器，每购买一台可以领取150—250美元不等（各州的补贴标准有差异）的政府补贴。

下面这张照片是政府发给美国加州居民的节水补贴支票，上面清楚地写着249.99美元。

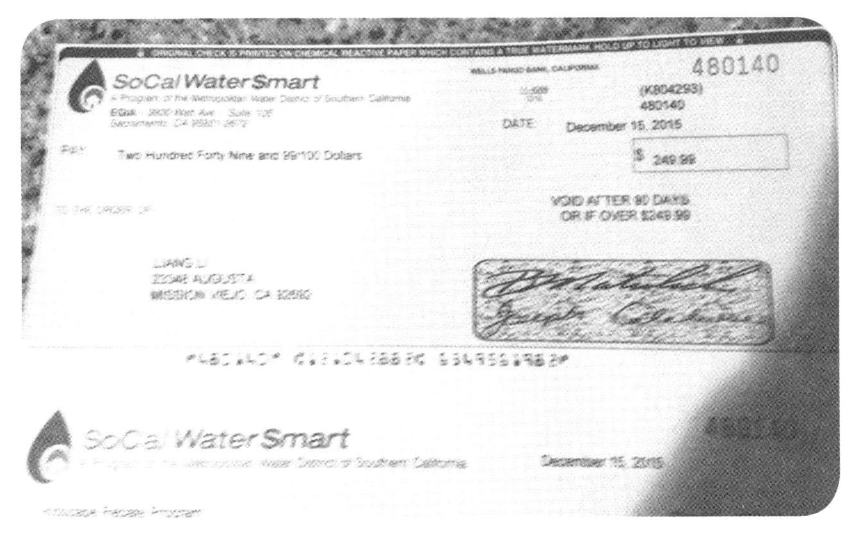

美国政府节水补贴支票

一台智能浇灌控制器的硬件成本远低于政府的补贴金额，也就是说，我们美国公司即便免费给居民发放浇灌控制器，也有一定的利润空间。这项政府推出的补贴政策大幅提高了我们产品对同类传统控制器的竞争力，也提高了销量。

服务亦销售

花园浇灌控制器不同于普通的消费电子产品，浇灌控制器用于花园自动浇灌需要外加一大堆配套设备，其中包括电磁阀、水管、喷头。在美国和欧洲，别墅建完之后，这些基础配套是基本配置，无须另外添置。另外，美国人动手能力比较强，绝大多数花园业主都习惯自己到商店购买配件，自行安装。因此，基本符合我们当初对产品的应用场景设想，用户购买控制器后，自行替换旧的控制器即可轻松完成升级换代。

不过，对于售后服务的工作量我们完全估计不足。传统的浇灌控制器相当于一个闹钟，到时间点即自动开启阀门浇水，控制器电路相对简单，不涉及互联网和软件，售后服务与一台电冰箱的售后服务相当，售后成本低廉。

我们的产品增加了互联网连接、气象数据算法以及手机遥控App软件之后，系统变得复杂很多，有精力打理院子的花园业主又大多年龄偏大，学习操作和故障分析普遍较慢，无形中大幅增加了设备售后维护的工作量。在美国，整个社会就是一个大乡村，人们居住得非常分散，售后服务需要开车从一个小镇到另一个小镇，非常耗费时间，有时候可能是很简单的一个小问题，单是在路上就要花费大量的时间成本，这给我们带来了高昂的维护成本。

对于小公司来说，无论是销售广告还是推广人力，都不可能大规模投入预算，只能通过产品功能和服务获得好的口碑，进行传递扩散。服务是否及时和服务的态度直接影响品牌的美誉度。

实际上，销售起步阶段，尽管智能化浇灌控制器代表了大多数用户的想法，很多用户却非常排斥使用，并不是产品不好，而是用户对新公司缺乏信任度。尤其是我们的产品需要通过云服务进行数据交换，用户的疑问是，一旦维护产品的公司不存在了，云服务是否还会续存，他们的服务是否能够获得保障？这可能是智能化产品相比传统产品的一个弱点，因为一旦没有网络服务，很多优秀的功能就要面临瘫痪。

在经过一轮又一轮的努力后，用户对产品和公司的信赖度才得以逐渐提高。

下面这张照片是我们美国公司雇用的墨西哥工人正在安装智能浇灌控制器的现场画面。

来自墨西哥的技术人员正在安装控制器

案例推广

进入21世纪后，网络成为营销的主战场，大量的购买需求通过网络获得释放。在美国市场，我们也非常重视网络营销。我们的全系列智能浇灌控制器可通过亚马逊一键购买到，我们还通过专业的产品评论网站发表相关案例文章，用户的购买需求很容易被客观的分析导购到购买链接。

下面是我们2016年发表于专业浇灌网站的案例文章，这里面有经销商现身说法，很有说服力。

独立智能浇灌控制器介绍

杰拉德（布鲁克浇灌公司董事长）

《乡村新闻》特辑

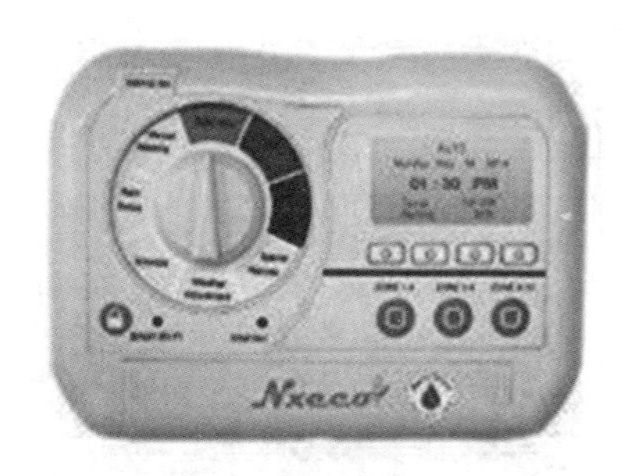

智能灌溉控制器

几乎每天我都听说一些新的智能设备，如果你在网上搜索智能灌溉控制器，就准备好被数百个智能控制器狂轰滥炸吧。我已经安装智能灌溉系统几十年了，现在有一个新的控制器可能彻底改变智能灌溉。

智能灌溉是一个非常专业和多样化的主题，控制器近年来变得更小，更便宜，更容易使用，但仍然有许多变化和复杂性。

传感器是智能控制器的主要组成部分——压力计、线圈湿度传感器、风速计、雨水收集传感器、晶片传感器、气象站，以及更多的传感器与今天的智能控制器配套使用。有些是非常昂贵的，而另一些是不允许安装的。

话虽如此，让我向你介绍NxEco智能控制器，一个简单、便宜、强大的智能灌溉控制器。

NxEco智能灌溉控制器是一个健壮和可靠的12路功能齐全的灌溉控制器，像任何其他普通控制器一样，它完全兼容传统的屏幕、拨号和按钮操作。不过，一旦通过Wi-Fi或以太网连接到互联网，它即可以成为一个非常智能的天气灌溉控制器。你可以配备一个可靠的仅需50美元的网络热点，一个热点可以控制多达8个NxEco控制器。你也可以在百思买买到类似的热点，不过我们的费用更低，月费可以降低到每月10美元。

NxEco还包括一个强大的功能齐全的远程控制单元——你的智能手机。

运行NxEco免费移动应用程序App设置你的控制器是最简单的方式，你可以命名你的区域，管理智能浇水，以及经常浇灌的区域。控制灌溉系统从来没有像现在这样简单可靠。即使是售价500美元的高端附加远程控制单元，也无法像NxEco那样实现远程控制。

NxEco会从控制器接收到您发送的每个命令的确认信息，因此您的手机即可远程监视灌溉控制器的各个方面。只要在手机有信号的地方，即可使用该项远程遥控服务。

尽管NxEco控制器功能强大，但它是目前市面上操作起来最简单的控制器。我们通常会发现用户在下载NxEco的Android或iPhone手机应用程序后几分钟内就会使用他们的新控制器。

NxEco还包含很多功能，太多了，无法在此一一列出，另外，注册用户可以授权园林工程师或任何其他人使用电子邮件地址来共享操作控制器。所有园林工程师需要的是在他们手机上的NxEco应用程序建立一个NxEco账户。业主也可以随时取消该项授权。因此，假设你的灌溉控制器在你的车库，你也不需要在家里把车库的钥匙给你的园丁——你的车库里或许有你珍贵的法拉利。

其他一些快捷功能特性也值得注意。您可以设置浇水延迟长达72小时，可以根据自己的意愿设置、保存和使用手动浇水预设，并且不受任何现有计划的约束。

对于业主协会或大型工业中心，在世界任何地方的多个物业的多个NxEco灌溉控制器都可以通过一个NxEco账户进行管理。实际上，这个网页软件应用程序是为了在一个账户中处理10000个控制器而构建的，NxEco用户可以通过智能手机轻松管理多达20个或更多的控制器。

安装很简单。没有必要安装昂贵的传感器、电线或附件于此控制器，因为它使用您所在地的美国国家海洋和大气管理局的认证政府气象站作为您的传感器，每小时蒸发量数据更新云服务是免费的。另外，NxEco公司会根据季节调整你的灌溉计划，这样你就不需要手动设置了。不过，你也可以定期进行例行检查和密切监控浇水运行情况，但正如我看到的，NxEco的蒸发量和季节调整是惊人地准确。

在过去的5个月里，NxEco公司的管理人员一直在为我的别墅提供节水浇灌服务。我还注意到它通过增加ET smart（水分蒸发量智能调节）浇水所需的运行时间来保护你的植物，可使植物通过一个意想不到的高温干燥期。您可以轻松地从您的手机、Web或控制器查看当前NxEco智能浇水状态，并立即进行额外的调整。作为NxEco智能控制器特有的功能的一部分，您对智能浇水的每一次调整，NxEco都在学习和微调您的智能浇水需求。

NxEco是美国环保署批准的节水控制器，用户可获得的政府返利通常超过了购买和安装的成本。

想知道什么在等着你，去www.SoCalWaterSmart.com。在亚马逊和其他分销商上，NxEco的售价为269美元，然而，在法尔布鲁克灌溉公司（Fallbrook Irrigation）可以享受更多的折扣。更多信息请致电（760）723-9001或亲临我们的免费示范。

挖掘卖点

一台智能浇灌控制器功能很多，不但可以像传统的控制器一样操作，而且具备新时代移动互联网的智能特性。在做产品宣传的时候，我们不能什么都说，而应该围绕用户最关心的功能来说。

对于美国用户来说，不管采用何种先进的技术，能够为用户节约水费可能是用户首要看重的功能。在美国加州，每个中产阶级家庭的House庭院每个月的税费普遍在400美元左右，是一笔不小的开支。在较长时间的评估过程中，我们发现使用我们控制器的用户家庭普遍能够节约一半的水费，这真的是节约了一笔不小的开销，相对于购买控制器的成本，几乎不值一提。因此，我们在产品的卖点提炼上，节水成为首要卖点。当然，能够实现手机App远程遥控是第二个重要卖点。对于一个小产品来说，这两个卖点已经足够打动用户的购买之心。

下面这张图是我们做宣传时候用的广告易拉宝印刷图。

宣传彩页

一位经销商的来信

美国人做事普遍比较认真，下面这封经销商来信，可以看出我们在产品上所下的功夫，更能看出我们的经销商做事的那股认真劲。

Wally：

你好。

我上周彻底用了一下NxEco的控制器产品，下面是我的测试报告。

首先这个产品设置很容易，连上我家的Wi-Fi和互联网没有任何问题，我个人认为比Hydrawise公司（现在已经被Hunter收购）的控制器容易上手。

如果我们重新设计浇灌控制器，我认为可以设计得小一点儿，增加几个螺丝，固定在一个外盒里。

你们这个控制器有12路，有一路用作主阀，实际是11路。11路说实话有点儿多余，如果我们重新设计一个控制器，我们应该设计7路、9路和13路的，实际上让用户使用6路、8路和12路。

Hydrawise公司有6路和12路两款，如果是用12路，你就少一个主阀。

你们可以扩展Hydrawise这样的12路，但12路实际卖得并不好。

你们这个App亲和力比Hydrawise的要差一点点，但整体运行还算不错。

我非常喜欢那个可旋转的转盘菜单，有一些选项App还是比设备容易操作得多。你真的需要搞一台iPhone和一台控制器，自己亲手配置一下所有的功能。

在App里面我发现一些错误——浇水限定时间（09：00—18：00）在iPhone上不工作。这个问题要修改一下。

在你们的App里面有几个非常酷的功能，比Hydrawise强很多。

例如，设备显示屏不像Hydrawise那样华而不实，只需要按几下按键就能获得我要的功能。

Hydrawise在显示屏上的界面非常干净——很像苹果公司的设计风格，它能跑起来。但是，我还得在盒子里面找功能。

Hydrawise品牌浇灌控制器所提供的家用喷淋计划软件是免费的，它使用航空天气数据，仅仅参考大雨数据，如果你想要更真实的气象数据（温度、风速、湿度等数据），你需要升级到Enthusiast计划（发烧友计划，每年要花60美元费用），你也可以用Contractor 计划（承包人计划，后面再谈到）。

发烧友计划允许用户基于雨量、风速、湿度浇水，并且可以限制最大和最小浇水量。这个功能很好，但是得花60美元一年，鬼才会要这些功能呢！

我不大清楚NxEco是怎样收集天气数据的，它可以用邮政编码获得地区天气数据，这点非常酷。不过我不清楚他们有多少个天气数据来源，怎么算出来的浇水量也不大清楚。屏幕上显示的天气数据用的是洛杉矶时间，好像不能修改，天气数据倒是本地的。

Hydrawise有一个严重的故障，它的设备要求设置的喷淋时长都是一样的，甚至一天内的不同时间也是这样。如果你想早上设一个长时间的，下午设一个短时间的（比如用在你的蔬菜种植园），它这个设备做不到。相反，NxEco每天可以用不同的浇水时长，操作16次都没有问题。这是一个非常大的区别。

如果设备不在线，NxEco会主动发邮件告诉你，还会发每周浇水报告给你。(这个报告最好能再修改一下，简要一点儿，然后计算一下用户本周节约了多少水，省了多少银子等)，我附上这两份报告给你看。

Hydrawise允许两路传感器输入，这样设计大可不必，很少有人会用到两路传感器。如果你想得到雨量App提醒，你需要安装一个流量传感器。如果你想收到短信提醒，你得要购买60块钱一年的那个付费计划才行。

NxEco只允许接一个标准雨量传感器，不支持流量传感器。

Hydrawise的产品定位明显超出主流的消费人群的需求，NxEco对用户的要求更低一点儿，如果定价得当，应该会卖得更好。

Hydrawise 的定价如下：

6路（室内版）$290 ——经销商 $209

6路（室外版）$349 ——经销商 $249

12路（室内版）$390 ——经销商 $286

12路（室外版）$448 ——经销商 $338

园丁无法买Hydrawise的货，因为已经没有利润空间了。

Hydrawise目前依然在网上卖套装，自从Hunter收购并接管以来，这些销售策略都还没有做任何调整。你现在还可以在网上采购它的收费计划。

我觉得应该集中力量通过经销渠道将控制器卖给园丁（承包人），而不是销售给个人，因为园丁会是回头客，家庭的个人买一个就不会再买了。

一个接一个去演示，讲解，努力创造商机！

我们尽可能卖这个产品，它需要稍作改进，但是要修改的地方不多。

我会写更多有关控制器、App、销售计划等，但等你回来讨论会更好一点儿。

谢谢！

Marcus Turpin

第一个大订单

又是一个春天。

冷空气总是不甘心轻易被南方的暖湿空气打败，一次又一次地组织反扑。春天总是这样遮遮掩掩地来。前天还是阳光灿烂，昨天又是一场冷冷的春雨，春寒料峭。还好，一场春雨过后，整个天际呈现出从未有过的洁净。

我们的办公区在古树掩映的秦淮河岸边，从办公区的窗户眺望，一眼就能看见城市群楼后面全国保存最完整的六百年古明城墙。在城墙下，在河岸边，忍耐和积蓄了一个冬天愤怒的植被，一个个地迫不及待地发出新绿。“渭城朝雨浥轻尘，客舍青青柳色新。”正是这种别样的春日景致吧！

目光投向更远处，延绵的紫金山脉像一条长长的眉黛，给人温暖和力量。半山腰，大名鼎鼎的紫金山天文台静静矗立，清晰可见。

我每天中午饭后都会在秦淮河边的小径散步，很多技术难题都是在这片树林中获得灵感从而解决的。树林中留下了我成千上万的脚印。

秦淮河畔的南京明城墙

在经历了无数次希望、等待、失望直至绝望之后，我们的第一个一万套产品的采购订单终于在这个春雨之后的晴朗早晨姗姗来迟。

美国最大的零售渠道商New Age公司正式通知我们，愿意向我们美国分部下一万套智能浇灌控制器的订单，而且价格非常有吸引力，我们有不小的利润空间。也就在此时此刻，我正在为仅有的几名员工下个月的薪水在哪里而犯愁，公司即将进入熬不下去山穷水尽的地步。

让我们一起记住这个苦尽甘来的日子，这是我们在心中种下一棵小树苗，经过辛勤耕耘和期待，终于发出新芽的日子。今天，离我们刚刚启动智能浇灌系统产品整整过去了三年，还记得，也是在这么一个春天的日子，我们决定一起上路。

事情总是这么奇怪，最初，你抱着万分的期待，认为很快就会有所收获，结果却总是一次次令你失望。当你在一次次失望中变得绝望时，机会却突然降临了，让你难以置信。甚至当你拿到渴望已久的大订单时，你都不愿意相信这是真的，没有了任何兴奋感！我突然想起一句朗朗上口的歌词，“没有人能随随便便成功”，尤其像我们这种普通创业者，就更加不可能随随便便成功！

多少挣扎，多少争吵，多少辛劳，多少迷惑，在这一刻终于凝结成了些许收获！在感谢我们销售团队长时间努力地付出之外，同时也感谢这个世界给了我们那么多磨炼的机会，在我们几乎要崩溃的时候，又让我们起死回生。在经历重重磨难之后，我们深感成果来之不易！

第十一章　培养竞争力

向对手学习

一家新公司，进入一个全新的行业，创造一款全新的产品，这本身就存在诸多不确定性，一切都要摸着石头过河。

在产品开发初期，创业团队一定会有很多不错的创意，但是光有这些新点子还远远不够，因为产品最重要的是用户使用体验。作为一个完整的产品，不光要有创新点，传统的使用习惯和产品基本功能也必须考虑到，否则，基本功能都无法满足的创新产品用户是不会买账的。作为软硬件结合的产品，还要考虑到硬件售后维修的问题。在产品还没有最终到用户手中之前，一切都还有待考验。

除此之外，创新的点子还会出现盲区，这时还需要眼观六路，耳听八方，需要多向竞争对手学习，才能做到大方向不出现失误。

拿我们的产品来说，在产品设计之初，研究的目标是传统产品，我们在反复分析传统花园浇水控制器产品后，总结出传统产品的三大痛点：

1.传统控制器停电后，设置的参数无法自动恢复。

2.传统控制器无法连接互联网，无法通过手机远程控制。

3.传统控制器的按键设置过于复杂，家庭主妇很难使用。

围绕以上三大痛点，我们的技术创新主要为以下几点：

1.对传统控制器的硬件进行改进，增加Wi-Fi通信模块，使控制器能接入互联网。

2.架构云端服务器，使控制器接入云端，并将数据永久保留在云端服务器上。

3.设计好用的iOS/Android App手机客户端软件，使用户可以通过友好的交互界面控制设备。

正当我们热火朝天地进行上述产品改造时，新的竞争者加入进来，并提出了他们的改进方案。除了我们想到的产品改进点外，有的竞争对手提出了新的重大改进点，例如，传统的浇水控制器就像一个闹钟，到时间点即浇水，这里面其实有一个重大的缺陷：如果天气下大雨，地面已经水量充足，根本不需要再浇水，但控制器仍然会按照设定的时间点自动浇水。这一缺陷不光浪费水资源，过多的水量甚至对植物的生长有害。针对这个缺陷，有的竞争者提出了通过天气预报数据来决定控制器的浇水行为：当气温较高时，控制器要智能地将植物的浇水量提高；当气温较低或天气下雨时，控制器要智能地将植物的浇水量调低或不浇水。那如何获得如此准确的天气数据呢？答案是向互联网要数据。在互联网信息已经很发达的今天，获取全球各地的天气预报数据已经变得轻而易举。天气数据应用于浇水控制器的改进对植物浇灌行业可以说是开创性的颠覆。它充分发挥了互联网的数据优势，可以有效地调整植物浇水量，具有巨大的智能经济和社会效益。我们及时地意识到这项重大技术改进的重要性和必要性，跟上了竞争者的步伐，在我们的新产品中加入了这项重要的功能，并保持全球技术领先。在重要的竞争功能项上，我们不能输掉！

在产品创新的过程中，我们除了要有自己的产品理念和个性外，也要学习和吸收优秀竞争者在产品上的认识、产品设计上的过人之处以及产品营销的方法等。

作为技术派的创业者，产品营销是天生的弱项，在竞争对手那里，我们也有很多地方需要学习。例如，如果将大量好的工程化的产品转化为用户乐于接受的互联网产品呈现。

很多项目型产品经理想当然地认为应该提供一个App的演示账户给用户体验，即可达到吸引用户的目的。实际上，互联网化的产品营销光有一个演示账户远远不够，大量的用户根本没有耐心在对你的产品一无所知的情况下花费大量的时间来试用你的演示版。更好的做法应该是让用户浏览网页的时候就不知不觉被你的生活化的产品介绍导航到更生动的功能表现。这里面有一个表现的问题，好的营销方法需要场景表现，而不是工程化的实际操作，最大的区别就在这里。

第一批用户

刚研发出来的初始版本产品跟刚出生的婴儿一样，不但外形难看，功能也顾此失彼很不完善，让用户接纳这样的产品不是一件容易的事。通常情况下，只有10%的易尝试人群怀着对新功能的好奇，愿意试用这样的新产品。

为了迅速获得第一批用户使用功能不够完善的新产品，市场上往往采取两种常见的策略：免费赠送或者低价使用，外加全免费的安装等售后服务。

我们的产品在美国刚刚推出时，恰逢美国政府推行节水政策，凡是通过美国环境署（EPA）节水认证的浇水控制器，政府几乎可以全部返还给用户的设备采购费用。这给我们提供了很好的市场推广环境，我们通过送产品获得了第一批用户。

但是第一批用户使用情况并不理想，用户主要反映两大类问题：第一，产品不稳定；第二，功能不理想。我们为产品不稳定付出了很大的代价。首先，用户打电话来说产品出了故障，市场人员必须第一时间驱车赶到用户家里查看设备的状况，并记录下来，反馈给研发部。同时，在最短的时间内，要么给用户升级软件，要么给用户更换新的硬件，否则会影响到用户的使用。我们在美国的第一批用户居住相对分散，驱车进行售后服务非常花时间，经常服务一个用户就需要半天，成本很高，效率很低。

很自然地，在用户使用过程中，会出现很多用户使用不愉快，不是想要的新产品，甚至对销售人员说很多难听的话，提出退还试用产品，换回原来的传统产品。这些用户对新产品的反馈，我们一方面认真倾听用户的诉求，从中分辨出哪些是我们产品的功能没有做到，需要改进的，哪些是用户需要的功能但因为工作不稳定导致用户排斥的。针对这些情况的分类，迅速进行产品版本的迭代改进，快速完善接近真实的有效用户需求。

那段时间，我们几乎每天都在更新云服务软件，以快速实现用户的需求。

在用户需求与系统稳定间实现平衡，压力相当大。在基本的需求获得大量用户认可之后，我们逐渐降低系统更新的频率，云端软件每周只更新一次。毕竟与功能性相比，物联网工业化产品稳定性是压倒一切的大事。产品不稳定，就无法持续为用户提供服务，无法获得用户认可。

第一批用户对于初创公司来说，还有一个更大的意义，那就是起到一个产品使用的示范作用。第一批用户使用是否满意会很大程度上左右今后公司的市场决策走向。另外，更重要的是通过第一批用户寻找到新的投资。初始的资金花得很快，不能持续找到资金支持，再好的产品创意也无能为力。在我们第一批产品试用的用户中，我们付出很多努力之后，很幸运地获得了一笔投资，使我们的事业能够继续下去。

重视外观设计

说到硬件产品的外观设计，自然是我们的弱项，主要有两个原因：其一，在创业初期，团队的主要精力都放在如何取得技术突破和如何实现产品功能上，至于产品外观是否能够被大多数目标客户接受，还没有作为重点来考虑。其二，硬件研发和软件研发最大的区别就在于硬件的外壳需要开模具，设计好的外观造型需要投入一笔巨资才能真正完成模具，实现塑料外壳的批量生产。说“巨资”真的不算夸张，对没有多少家底的初创公司来说，动辄几万到十几万元的塑料模具费投入真是一笔不小的支出。因此，在开模具之前，我们对功能的设计非常慎重，因为一旦设计有瑕疵，可能就要重新开模，风险不低。

最初，公司什么产品都没有，为了能在市场上哪怕先推出样品给用户宣传试用，也要考虑尽快开出符合基本功能要求的模具。快速实现产品化的要求大幅度缩短了外观设计的时间和投入。外观设计又是一项慢工出细活的差事，我们的条件决定了第一版的外观相对粗糙。后来与竞争者一比较，很多用户，甚至自己的股东都反映我们产品的外观工艺落后。

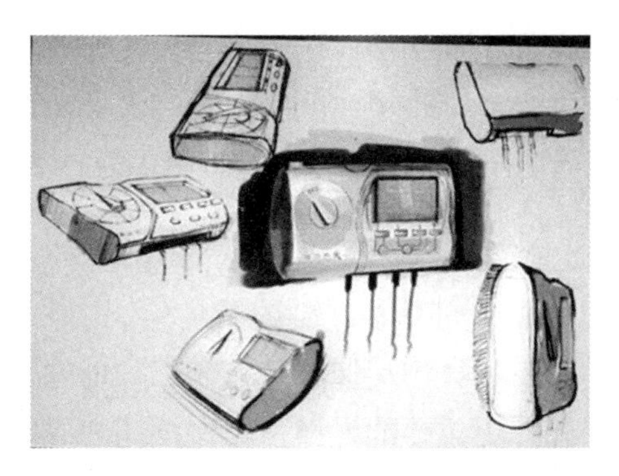

控制器外观设计手稿

毋庸讳言，国内的产品设计相对于欧美发达国家起步较晚，在通用技术全球化的今天，互联网技术已经不再落后。但是，工业设计和制造工艺在短时间内很难与世界同步，需要一代人的努力，甚至几代人的追赶才有可能。

产品的外观设计集中体现了一个公司的两点品质：人本位和细节性。所谓人本位，即一个产品最终使用的对象是人，目标用户要看着产品舒服、喜爱，甚至狂热地喜爱。苹果手机之所以受到全球用户的喜爱，不能不说跟它独特的人本位外观设计关系密切。所谓细节性，即是通过一个产品的外观设计，可以看出这家公司对产品的品质要求标准有多高。一件好的产品必然注重每一个细节处理，每件产品看上去都要是崭新的！

我们的产品起步阶段只注重功能性和实用性，离人本位和细节性还相差甚远。下面这幅图是我们第一代产品的外观设计，可以看出比较粗糙。

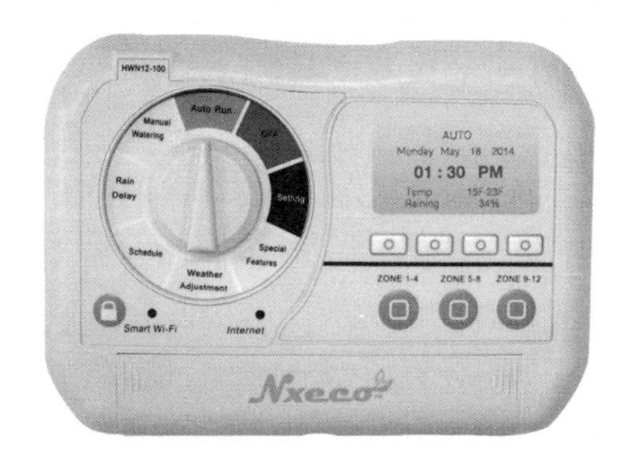

第一代智能浇灌控制器外观

这款产品我们根本没有专业的外观设计人员，只是请了一个平面美工画了一个草图，然后结构工程师根据草图以及他自己对外观的理解进行了成品设计。

这样做出来的外观设计有两个好处：一是完成周期很短，我们大约只花了两个月的时间就从零变成了一个样品；二是费用低，专业的外观设计人员和设计公司要价不低。对于实力雄厚的公司，完全有必要投入专业的设计，但对于初创公司来说，财力很有限，快速和低成本对于降低创业风险相对有利。

在第一款产品获得用户的基本反馈后，我们开始着手改进，启动第二代产品的设计。幸运的是，在这个时间点上，我们获得了一笔数额不低的天使投资，投资人也很支持我们启动更专业外观设计的想法。

于是，我们在国内找到了一家知名度相对较高的工业设计公司，委托他们帮我们设计第二代产品的外观和结构。在外观设计上，专业设计公司的设计的确更有型，有一步到位的感觉，但是，也要加入我们对产品的理解才有可能设计出实用性。另外，好的外观自然就涉及相对复杂的工艺，成本也会相应提高。

在经历了半年的拉练设计会议之后，我们最后设计出两个市场细分的外观和结构：商业用户版和个人用户版两种。商业用户侧重于有触摸屏功能，功能相对强大，具有阀门路数可扩展性。如下图：

T系列智能浇灌控制器

个人用户版倾向于外形小巧，阀门路数较少，操作简便等。如下图：

Q系列智能控制器

在与专业设计公司的配合中，我们发现，即便交给他们设计也无法做到万事大吉。主要原因是设计公司并不清楚产品的属性，没有我们的深度参与，根本无法完成设计。

还有一点提醒读者注意，一个外观的设计项目必须分节点付款，每一个阶段的任务要规定清楚，达到目标才能付款。我们就规定了四个设计节点：第一节点是预付款启动设计；第二节点是实现基本外观图，确认满意后付第二笔款；第三个节点是要实现全部的结构和手板打样，确认后付款；第四节点，设计公司要配合完成模具制作及细节修改后才能付款。必须明确这几个阶段才能最终完成一款产品的外观设计，否则容易导致设计纠纷或项目失败。

在经历第二代产品的外观设计之后，我们觉得外观上我们的产品已经可以在国际市场上驰骋，不会再因为外观识别度低而输给竞争对手。

改进，改进，再改进

“好产品是改出来的”，这句话堪称工业产品设计的至理名言。一款新产品从创意到用户满意，这中间道路的崎岖和艰辛只有做过产品的人才会有刻骨铭心的体会。

创业是激情与耐心的角逐，没有好的产品创意，做不出一个好产品。同样，光有激情也成不了事，耐心和勤奋是一款经典产品背后看不见的付出。所谓“一阴一阳之谓道”，激情是创业的阳面，耐心是创业的阴面。

使用产品的用户很难知道一款好产品背后的故事，但是，做产品的人必须要有持续改进，做到极致和用户满意的信念。物联网产品结构复杂，涉及的工种和技术众多，要做到各个功能和技术完美配合，本身具有很大的挑战性。

除了实现基本的功能外，一款新的产品还要在应用层面做到大多数用户感觉好用，这就需要极大的耐心和努力才可能做到。因为用户体验不是非0即1的问题，需要不断经历“改进—试用—反馈—再改进”的过程，在云架构、硬件设计、手机App设计、Web应用等不同的层面持续改进。一件产品如果能做到极致，成为一件人人喜爱的艺术品，需要不断打磨，需要经历去粗存精的长期的精进过程。在产品漫长的改进过程中，还要不断形成销量，才能维持研发的投入。创业公司资源有限，三天两头手头紧，发不出工资可能成为家常便饭，公司现金流的不稳定又会导致团队不稳定，从而丧失战斗力。

我记得国外老一辈的企业家经常在他们的著作中感叹新一代年轻人素质下降、不敬业、难以管理。其实，在如今的中国也面临同样的问题。80后、90后的敬业度远远不如上一代，好逸恶劳成为新一代年轻人的常态。究其原因，首先可能是因为物质丰富，新一代比老一代的成长环境要好很多。其次是教育环境，高校扩招和教育产业化导致教育质量不如以往，很多年轻人大学毕业了，却并不具备基本的人文素养。最后就是社会大环境很大程度影响了年轻人的行为，拜金主义大行其道，大量的年轻人希望挣快钱，不想吃苦，更不想通过耐心和勤奋获得成功。有什么样的人才就会出什么样的产品，在资源很有限的小企业，无法通过付出高昂的薪水招聘到素质高的员工，要生产出高品质的产品到国际市场竞争，实在难于登天！我们随时都面临各个方面的生存威胁，也经常仰首问苍天，我们是否有胜出的可能？苍天不语。

在每天面对用户一大堆反馈和抱怨的资料中，我们唯有抛弃一切抱怨，顶住资源匮乏、人员素质偏低、错误率高、团队情绪波动等各方面的压力，埋头苦干。改进，改进，再改进！

有时候，一两个改进偶尔得到用户的认可，我们便油然而生一种欣慰感，辛苦的价值也有了落脚点。

我们的产品经过持续改进之后，回头看已经完全脱胎换骨，无论从软件功能的提升还是App软件界面的设计，一切都变得很专业。下面几张对比图可以看出我们的努力和进步是显而易见的。

最初的硬件设计：

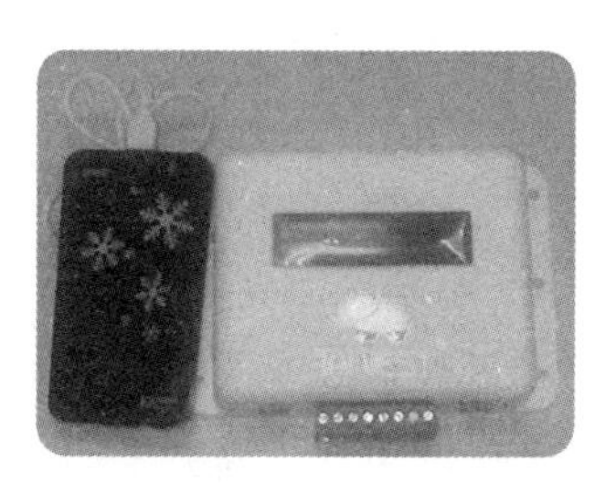

多轮改进的过程设计：

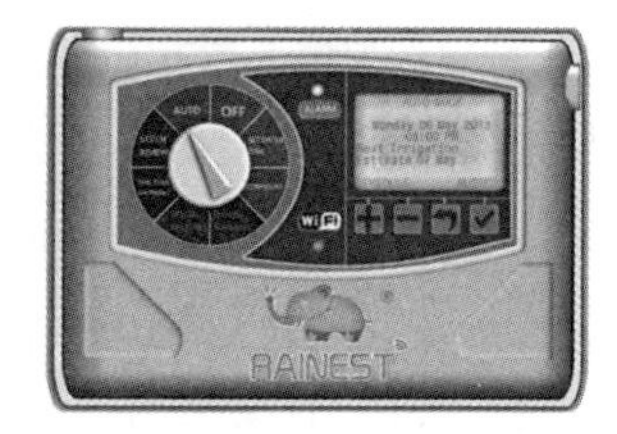

多轮改进后的设计：

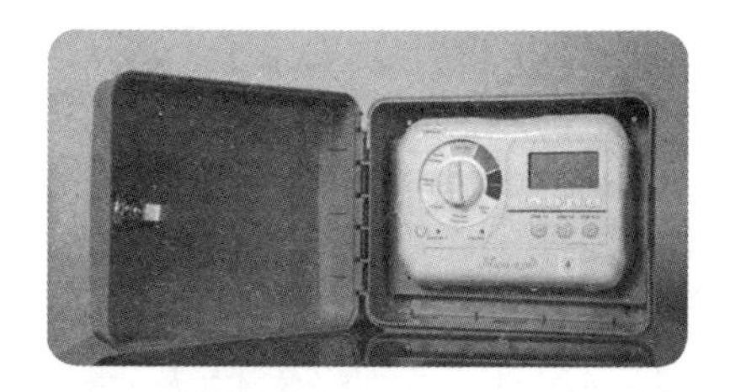

最初的App界面设计：

经过版本升级后的App界面图：

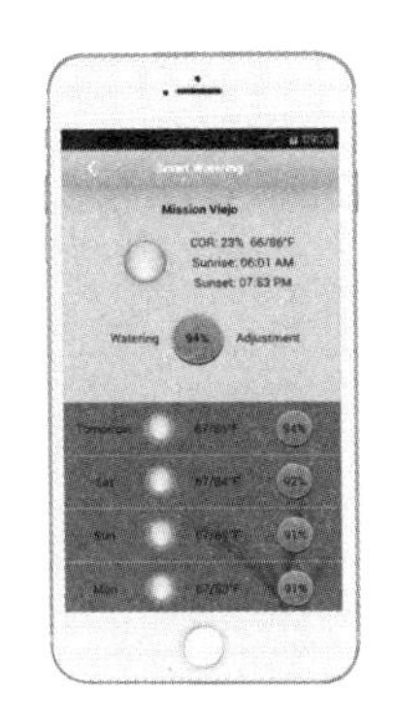

中文版App界面：

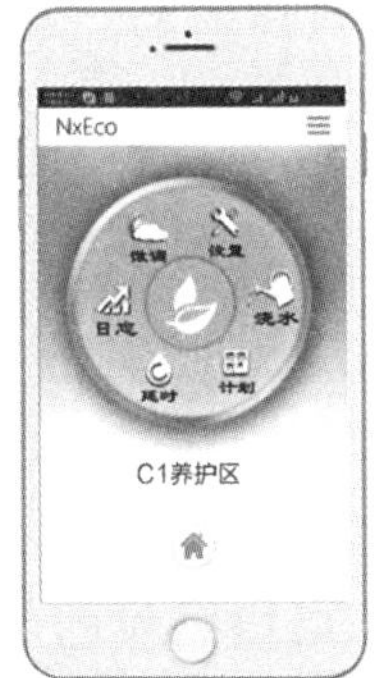

“中国制造”的工艺水准

近年来，由于政府的引导，“中国创造”有了很大的进步。但是，我要说，一个产品的质量如何，跟产品生存的土壤关系很大，甚至是决定性的。这其中的一个关键因素就是工艺水准。最近20年，大量的制造技术，像高档汽车、电子电器、手机工艺等进入中国，在制造加工工艺的技术水平上的确有长足的提高，但整体水平跟发达国家还有较大差距。除工艺水平以外，对产品的认真态度差距更大。像我们研发的家用电器一类科技产品，要完成一个产品，需要依赖全产业链的工艺支持，其中包括模具工厂、电镀、喷漆、丝印、贴膜加工、塑料件、电路板加工、半成品元器件、绘图、包装加工等，这里面的每一项都会打上“中国制造”的烙印。在这些供应链中，每一个子行业都存在品质良莠不齐的情况，是否能提供符合我们质量标准的配件，取决于三个因素：对供应商的筛选，能够支付的价格，对供应商细节的要求。互联网信息的高度发达为我们提供了寻找供应商的便利条件。在制作样品的过程中，我们几乎完全依赖于电商交易平台，效率也很高。通过查看供应商的历史评价和样品展示，基本可以将供应商的品质控制在一个相对可预期的范围内。接下来就是愿意付多少成本进行采购的问题。俗话说，买的没有卖的精，一分钱一分货，相对高品质的配件一般要付出相对高的采购成本。这里面也存在一个设计和平衡问题，比如你的产品设计的目标使用寿命和器件参数是多少，然后根据这个参数缩小供应商的范围。最后一点就是，不厌其烦地对供应商的工艺做具体要求并反复要求修改，以提高产品的品质和工艺水准。设计是死的，人是活的，很多时候品质跟工厂参与实施的人关系很大，这时候就需要进行深入的加工跟踪，以控制工艺品质，将产品品质的理念执行到位。

经过多年的积累，中国南方已经形成不同行业相对集中的供应商区域，久而久之，就形成了一张全国供应商地图。掌握供应商地图对成本的控制大有好处。其实，这些供应商很多已经是全球的供应商。因为供应商上下游相对集中，可以有效地降低采购成本，加工工艺在相互促进中，也会不断学习提高。比较有名的供应商集散地有浙江黄岩的模具，深圳和东莞的电子电路，深圳和浙江都有加工贴膜，深圳的工厂品质相对更高。温州和苏州都有比较多的样品手板加工和3D打印手板加工厂，有多重工艺和品质可供选择。

产品正式生产和加工之前，都要经过数轮手板加工，以验证外观和结构设计的合理性。在不断的修改中，让手板和设计图纸无限接近最终的正式生产想要的效果和品质。传统的塑料外壳手板加工都采用CNC加工工艺，成本较高，最近两年兴起3D打印，成本相对较低，但与CNC工艺相比精度有较大差距，我们一般的做法是，最初一两版采用3D打印工艺，以大致验证设计的合理性，后期需要更高精度的手板再采用CNC加工，以进行更细致的设计评估，从而既照顾到研发成本，又可达到样品设计的要求。

下面这三张照片分别是3D打印、CNC加工以及模具生产的不同精度品质：

3D打印手板

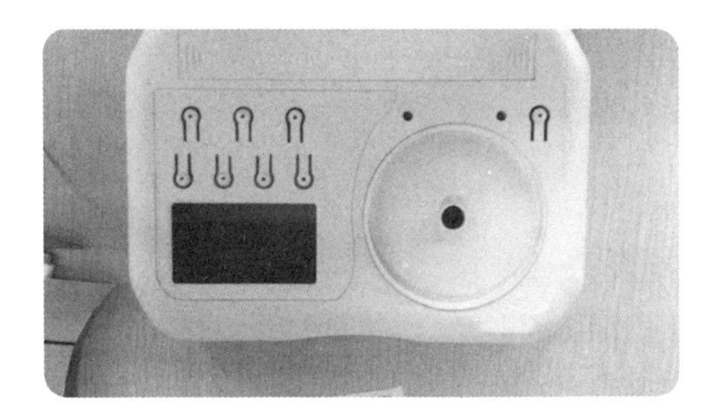

CNC加工手板

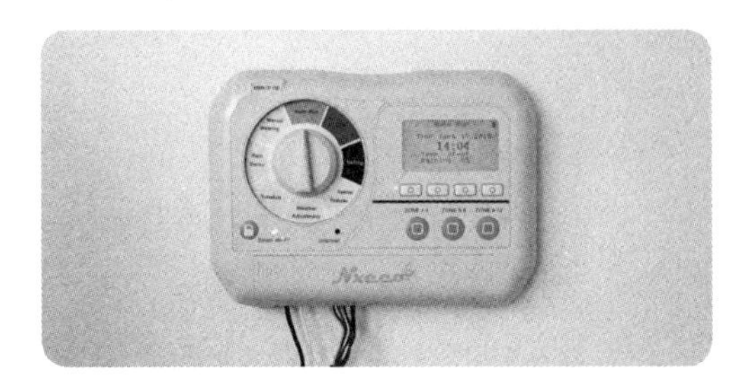

模具注塑样品

从平均水平来说，中国制造的整体水准跟国际领先水平比还是要低不少，只有付出更多的艰辛，进行筛选并将品质标准执行到位，才有可能获得具有较高的性价比，同时国际市场用户接受的工艺品质。

测试，再测试

测试在IT公司是一个老生常谈的问题。由于软件的复杂性和多变性，“质量从测试中来”成为永恒不变的定律。虽然大家都知道要测试才能减少问题的发生，但是对于如何组织起有效的测试确实见仁见智。

实际上创业者是第一销售员，也是第一产品测试员。笔者过去也关注过很多创业企业，在初创阶段，创业者都高度关注产品的功能和品质。一般来讲，产品都还做得不错，但是时间一长，或者企业进入上升阶段后，创业者和管理者就不太注重产品的品质，而是把重点转移到企业的利润、资本运作等财务问题上，结果产品品质严重下降，从而被用户抛弃，影响生存。这样的案例不在少数。这里面说明一个问题，公司没有优秀的测试员，只有认真的测试员，再优秀的测试员没有责任心也不行。

对测试来说，责任心是压倒一切的因素。

在过去的两年间，我们主要的合作伙伴除了各自负责销售和研发外，测试产品和研究产品成了大家共同的任务。只有将产品做到极致，公司才有生存的空间，这已经成为大家的共识。

测试，发现问题，查找问题，这个过程很多时候比功能研发本身还要难很多，也需要花费大量时间。在物联网产品中，因为既有硬件又有软件，问题错综复杂，甚至一个问题短时间很难判断是软件的问题还是硬件的问题。

为了找到问题的原因，需要硬件团队和软件团队共同分析才能得出结论，这的确是一件艰难的工作。我们的宗旨永远是解决问题比功能研发的优先级高。周一早上的例会，不是先安排本周硬件研发什么新的功能，而是最优先安排亟待测试和修复的问题。

对于工程师来讲，解决问题远远比研发新功能无趣，但是解决问题又是压倒一切的首要任务，因此，长期的研发过程会很枯燥。但是为了实现用户稳定使用的目标，我们必须这么做，而且对问题的出现要快速响应。

产品测试架

“中国创造”的共同课题

近年来，“中国创造”在国际舞台上有了长足的发展，但是想在国际舞台上占有一席之地，还需要长久地“精进”。尽管企业的情况千差万别，但是“中国创造”面临很多共同的课题，值得我们研究和探讨。

外观设计是产品进入国际市场的首要课题，一个产品的外观往往会给用户先入为主的印象，用户会在很短的时间内形成产品品质和喜好的决定性作用。外观设计不好，就会给人“品质低劣、不可靠”的印象。外观如果设计得好，就会给人留下高品质的印象，在市场上取得主动。为了获得较高的产品品质认知度，企业在条件允许的情况下，有必要在外观设计上进行投资。

工艺水准和外观设计是一对孪生姐妹，工艺水准目前在中国的生产供应商良莠不齐。当然，工艺水准的高标准首先要进行高标准的设计，这一点我们与发达国家已经没有太大的差距，但是，在工艺水准的实施环节差异较大，主要体现在高标准的工艺价格虚高、实施品质不稳定、工序需要的专业控制难度高等。大量工业设计公司主动提供生产工艺全程跟踪，但是费用高昂，中小规模企业难以接受，给产品增加了不少无形的成本。

文化认知在产品国际化过程中是一道较难以逾越的门槛。文化认知包括用户体验的差异、人体的身高、手掌的大小、产品文字的本地化程度、用户的日常生活习惯、用户的生活场景等。在我们看来，产品国际化的重要途径是要建立国际化的触角团队，进行本地化的产品调研、销售和服务，这样才有可能将产品真正融入本地，获得较高的用户产品认知度。

有一个类比可以很直观地比较出东西方文化和观念的差别。玻璃杯是西方发明的，陶瓷杯是中国人发明的。玻璃是一种纯粹的化学提纯原料二氧化硅，一个玻璃杯只用这一种化学原料，通过模具压出来，西方的二氧化硅可以提纯得晶莹剔透，法国人可以把一只玻璃杯做得那么有艺术感而又廉价，这一点中国人一直都没有学会，但中国人也喜欢用好的玻璃杯。陶瓷中国人做了几千年，它并不只用一种化学材料，它用的是高岭土，而且大多通过手工完成制胚，然后依靠经验对火温进行控制。经过繁复的工艺后，精美的瓷器杯巧夺天工，大多数都无法复制。同样的，西方人也很喜欢中国的瓷器。同样用途的产品，东西方用不同的方式进行了实现和大规模生产，同样都成为人类文明辉煌的一部分，很难说孰优孰劣。作为东方人，我们需要学习西方人对于数据和失误的较真劲，同时发挥我们东方人的整体思维优势，最终产生更好的竞争力。

员工敬业度的问题在中国企业中变得越来越突出，独生子女和物质条件的提高加速了人口素质的下降，大量的年轻人好逸恶劳，急功近利，心性浮躁，很难沉下心来做好一件事。这成为当今中国企业竞争力形成过程中的一大挑战。人员的频繁流动，又带来了企业的高成本。如何应对人力资源高昂的成本成为一项亟待解决的共同课题。

在我们投入很少的情况下，对于快速改进产品的效率，得到过很多美国人的认可，他们有的甚至从开始对我们产品的排斥，到接受，最后甚至对我们的产品投来敬佩的眼光，并计划投资收购。这种态度上的转变过程，也是我们不断对自身行为的修炼，以及对产品品质的严格要求获得的回报。

用户亦老师

一件优秀产品的诞生过程有一半来自天才的产品设计师的妙手偶得，另一半则来自多方的共同努力和创造。这其中，也必定包括用户的共同创造。

近年来，苹果公司创造了iPhone手机的销售神话，最主要的功劳当属乔布斯的设计天才和苹果千万工程师的努力，而用户对iPhone手机不断提出的改进意见也不容忽视。

互联网时代，用户参与改进产品的行为变得更加密切。小米对手机软件的改进以小步快跑的形式出现，一周更新一次，然后收集用户的改进意见，不断地进行版本迭代，高效利用用户的反馈建议植入产品功能，将用户参与产品的创造做到了极致。

对于一个新公司打造的一款新产品来说，用户的反馈、建议，甚至参与对产品的改进尝试显得格外重要。因为新入行的科技公司对自己新进入的行业并没有全面了解就开始对产品有了功能定义和深度研发，这其中必然包含有大量的产品功能细节定义不准确，甚至功能定义完全不符合行业使用实际等问题。

在产品不断修正的过程中，我们没少吃苦头，同时，也幸运地获得很多资深行业用户非常有价值的建议。在美国加州，甚至有一个资深的经销商不但给我们提出了很好的改进建议，甚至亲自动手帮我们改进软件产品界面，使之更适合行业内的用户习惯。这个人叫Jerry，他画出的软件界面可以与专业设计师媲美。我们深受感动，并认真对待他提出的每一个建议。后来，我们成了非常好的合作伙伴，Jerry也把我们的产品当作了自己参与创业的产品。

当然，大多数用户对于产品的缺点和瑕疵并不会都像Jerry这样有耐心地提出自己的改进意见。事实上，大多数用户在碰到使用问题的时候，更多的是破口大骂，甚至对服务人员羞辱一番。这种用户同样是我们的老师，至少让我们知道了我们产品的不足之处，并用极端方式督促我们快速改进，以达到一个相对较高的稳定水平。

与美国经销商合影

呈现最精彩的一面

我们经常说一句话，只有你一家公司做的产品不要去做，因为会没有市场；有一万家公司做的产品也不要去做，因为竞争太残酷，成功的概率几乎为零。

在一个行业市场中，通常的情况是有多个竞争对手在做同一件产品。一家公司想要在一个领域获得竞争力，必须想尽办法找到自己的优势所在，并将优势逐渐扩大。在一件很小的创新产品上也不例外。

拿我们的产品来说，跟我们同时起步的四家国外创新公司比较，一开始大家对智能浇灌控制器的产品定义差别不大，这个产品涵盖了从硬件到嵌入式软件，到云端软件，再到App软件及Web软件，技术跨度较大。由于各家公司的参与创业人员的知识背景有较大差异，大家对产品的视角一定会有差异。有一家竞争对手参与创业的人员中据说有曾经从事汽车设计的工程师，因此在产品上很容易找到他们行业背景的影子，他们硬件上采用的手动旋钮设计就借鉴了高档汽车的旋钮设计，非常有特色。

在产品的各个技术层面上，一家公司不可能每种技术都擅长，有些更擅长硬件及外观设计，有的更擅长软件设计。针对我们更擅长软件的实际，在产品的卖点设计上，我们就更多强调软件功能的优势。

例如，我们在获得用户基本需求的基础上独创了两个软件卖点。在产品的实际应用中，我们发现用户的一个潜在的功能痛点。在北美，家庭业主往往会把自己的花园交给专业的园丁打理，这时候就需要业主将自己的软件账号和密码告诉专业园丁，园丁才有可能进入业主的浇水控制器并帮助管理，这件事对用户业主来说非常不愿意，因为账户和密码涉及非常隐私的个人信息。我们在得知用户该痛点后，对软件产品进行了改进，提出了“用户账户授权”的概念，业主只要将自己的账户授权给专业园丁即可，无须再告知密码。这项功能用户使用后非常满意，我们也申请了独享的专利。

在给专业园丁公司服务的过程中，我们认识到，通过软件集中管理大量的浇水控制器的重要性，这在传统的浇水控制器中是做不到的。在过去，花园维护人员需要每天依次查看实际的控制器的工作状态，一天有几十个控制器就累得够呛，工作非常辛苦。通过互联网连接的控制器网络则极大地便于管理，我们推出的SNAP集中浇灌管理平台，可以让一个普通园丁轻而易举地管理上千台控制器，大大提高了园林公司的工作效率。我们的SNAP平台也获得了业内用户的高度评价。

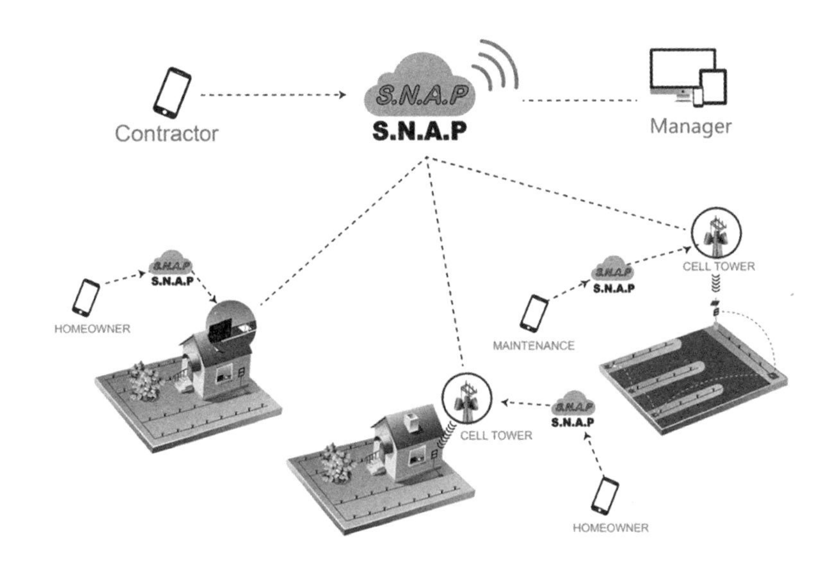

SNAP集中管理平台

通过对自己产品的重新定位，我们逐步建立起自己在应用软件方向上的独特优势。这些优势是竞争对手不具备的。通过对卖点的重新审视和实践，我们成功实现了在行业内的差异化，并明确了我们在专业浇灌市场上的独特视角，拥有了一批铁杆粉丝。

重视知识产权

今天，一个产品的成功除了技术过硬、销售打开局面、顺利融到资金外，还有一个因素往往被初创公司忽略。这个因素就是独有的知识产权。技术研发型的公司一没有房产，二没有高档汽车，唯一能够体验公司价值的就是知识产权。在国内，知识产权还没有被引起足够重视，但是产品如果要迈出国门，走向世界，知识产权就变得非常重要。

知识产权包括品牌商标、技术专利、软件著作权等。如果没有品牌商标，在很多国家，产品基本不允许上市，没有自有专利技术，产品基本也寸步难行。大量的创新技术都被专利保护，如果使用就有侵权风险，侵权罚款非常可怕。在美国注册一个发明专利从$1000—5000不等，需要进行评估。另外，在美国聘请律师的费用很高，这些因素初创公司都需要考虑。

面向全球销售的产品，要有超前注册商标的意识，否则一旦被抢注，就会带来很大的麻烦，要么丢失市场，要么要花大价钱把商标买回来。

最近，华为、苹果、三星三家公司为了智能手机专利打得不可开交。这也从侧面印证了在国际市场上竞争，知识产权有多重要。为了维护知识产权，苹果公司每年需要向华为支付不菲的技术专利费用。可以这样说，知识产权成了企业生命的一部分。

第十二章　合作与并购

通过 OEM 销售

在创新产品挑战传统产品的过程中，自然会引起传统企业的注意，当他们发现新的产品风向后，就开始逐渐关注行业内的创新企业。

互联网行业的发展历史，其本质就是创新产品不断颠覆传统产品的历史。当占有大部分市场份额的传统企业发现有新兴企业通过产品创新“侵入”自己的市场领地，可能会采取以下行动中的一种或几种：组建新的产品研发部门，研发自己的创新产品；用市场资源跟创新企业的技术产品做交换或合作，共同获取新产品的市场和利润；投资或收购新兴挑战企业，将创新产品或技术收入自己的囊中，获得新的增长点，削弱创新产品对自己的威胁。

我们发起挑战的领域在北美和澳大利亚市场已经存在了数十年，传统行业巨头几乎垄断了全球的销售网络资源，市场集中度很高，想要从这些巨头把持的市场中挤出一条生存缝隙，不是一件容易的事情。

为了突破传统行业巨头的市场防线，作为创新产品，需要采用一些非传统的方式进行销售。例如，我们除了四处游说传统的经销渠道外，把市场突破的重点放在了亚马逊电子商务推广上。对于传统企业来说，通过电商进行产品销售，优势并不那么明显。在电商上销售的最大好处是曝光率可以在短时间内提升，如果产品对路，短时间就可以获得大量的用户认可。

自动浇灌行业占有市场份额在5%以上的企业一共有五家，实际上，每家都已经意识到互联网智能浇灌系统必将取代传统的浇灌控制系统。有些企业不光意识到了这种趋势，甚至已经组建了自己的IT研发部门，正在对传统产品进行改造，以适应移动互联网的发展趋势。不过，传统企业的创新有两个毛病：一是速度慢，没有生存的紧迫感；二是很难真正从移动互联网的角度进行创新，做出来的产品往往四不像。究其原因，最主要的还是缺少IT行业的人才，对产品的互联网化认识不到位。

在“地球一村”的背景下，行业巨头也在全球配置生产资源，有的甚至在中国深圳有生产工厂。很快，传统行业巨头就盯上了我们。虽然被盯上，但是离产品完全获得传统巨头认可尚有一段距离。这些传统企业历史悠久，行事风格多偏于保守。合作的第一步往往是先发出OEM（代工）订单。在产品试销的过程中发现问题，等达到了大批量的稳定品质之后，才有可能谈投资或收购。不得不说，每一位可能的投资人都是人精！

今天，iPhone如此成功，但是很多人都不知道，就在几年前，乔布斯的iPod还默默无闻的时候，同样是通过给DELL、HP做OEM产品定制才打开知名度的。某种程度上说，创新产品走OEM获得市场认可是非常正常和正确的道路。

虽然刚开始的OEM订单利润不高，但这是打开市场获得用户认可的关键步骤，也是初创企业获得生存现金流的重要方式。

不过话又说回来了，物联网产品的最大好处是需要云服务，而云服务器相关的技术毫无悬念地会牢牢地掌握在自己手里。这样一来，产品再怎么OEM都没有关系，一旦形成市场合作关系，就很难离开我们了，这也是技术公司用于牵制市场资源最有力的武器。

共同研发

传统企业最有价值的是产品的品牌和完善的销售网络，因此，在选择如何跟创新企业合作的方式时，传统企业毫不迟疑地选择了将品牌和外观标识加到新产品上。尽管老的品牌标识和外观未必有新产品好看，也毫无疑问要采用老的品牌和外观。

老的外观设计要装入我们开发的电路板，毫无疑问，要对原有的设计进行修改。我们在互相能够接受的条件下紧锣密鼓地开始了合作设计。

对于做了无数款浇灌控制器的澳大利亚Holman公司来说，电路板设计和生产真算得上是轻车熟路，我们则专心做好软件，毕竟软件才是我们的专长。

下面这张照片是澳洲Holman公司传统浇灌控制器的外观，看上去中规中矩，真的有一点儿呆板。但就是这样的外观，已经连续卖了几十年，品牌深入人心。

K Rain传统控制器外观图

下面这两幅设计图是在我们创新产品功能基础上，对外观和塑料模具进行了调整和修改后的联合研发产品。第一幅是整个塑料外壳的结构展开图，第二幅是组装在一起的样品图。总体来讲，外观还过得去，不过跟我们第二代产品的外观设计相比就差得远了。不管怎么说，这是我们第一次跟国际巨头合作开发一款产品，还是谦虚一点儿为好。

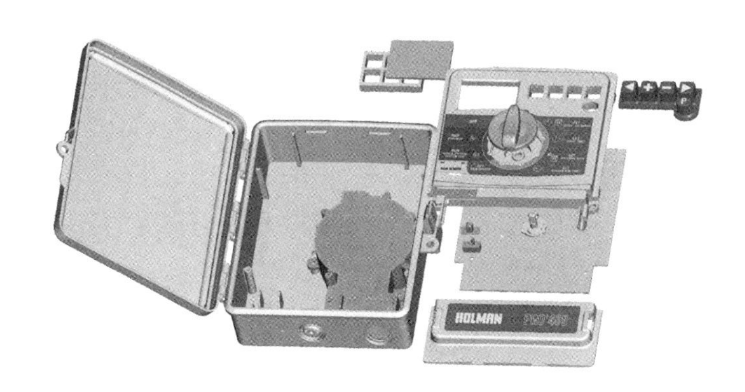

与K Rain联合设计的产品结构图

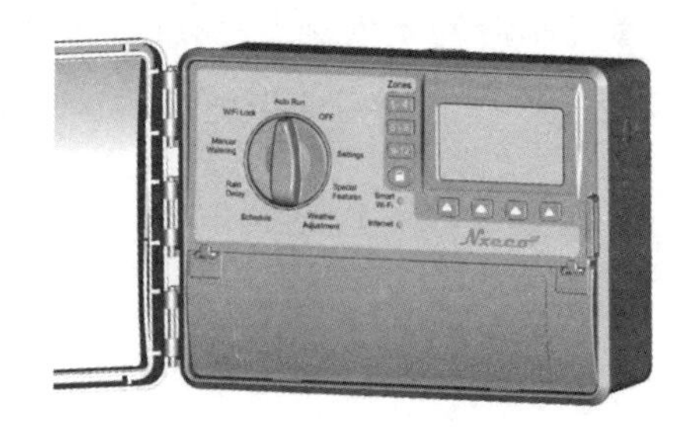

与K Rain 联合设计的产品外观图

软件授权

物联网产品的技术价值说到底还是软件的价值。为什么这么说呢？硬件其实人人都可以做，深圳很多工厂不但可以做得比你好，成本还可以做到只有你的一半！通过纯硬件去竞争是没有出路的。一个物联网产品是否好用，是否人性化，软件起到了决定性的作用。

在我们的智能浇灌控制系统产品中有三类软件，第一类是设备驱动软件，也叫嵌入式软件；第二类是云服务软件，这些软件安装和部署在机房的服务器上，需要通过互联网进行访问；第三类是手机端App软件。上述三类软件不断更新和升级，使产品日臻完善。

在物联网的价值链中，云服务软件占据较大的一块成本，这是与传统电子电器产品有很大区别的部分。云服务软件意味着要有7×24小时长期不间断运行着的后台软件服务，有软件服务就意味着要有维护的人员和成本，同时还要不断进行软件功能升级，以适应更广泛的用户需求。这在传统的电器产品中是没有的，如何将这部分成本加到产品销售的定价中成了一门学问，既要为用户提供前所未有的功能和体验，又要在用户可接受的范围内甚至是不知不觉中让用户接受新增的成本，需要进行周密的价值铺垫。

其实，我们最初在与传统产品厂商接触的过程中，传统厂商也对这部分服务成本处理存在分歧，最后自然是认可互联网提供的价值。不过，云服务是一年向用户收取一次费用为好，还是终身只收取一次费用好呢？这点一直存在争议，需要市场最终给出答案。

澳大利亚Holman公司与我们合作共同开发产品，Holman公司负责硬件的加工生产以及传统的市场通路，我们负责软件开发定制、云服务软件以及App软件的服务。这其中，我们需要向Holman公司整体打包销售我们的软件服务，销售的方式是软件授权使用，这应该是自比尔·盖茨创立微软公司以来最传统的一种软件销售方法，至今也未过时，依然焕发迷人的光彩。

软件授权的价格跟出货量息息相关，因为软件维护的固有成本很高，出货量越大，就意味着单位出货的成本越低。最终，我们将依赖合作渠道商的销售渠道，把我们的研发成果批量变现。当然，为了保持产品在市场中的竞争地位，我们要持续进行产品创新，使用户获得越来越有价值的产品功能和体验价值。

出售技术

一家新兴的创业公司想要最终打败传统的行业巨头，在行业中占得一席之地，实际上是很困难的。这主要来自两方面的压力：市场资源和资金资源。

创业公司想要获得创业成功，无外乎两种途径，一种当然是迅速销售你的产品，抢占传统企业的市场份额，传统巨头还没反应过来，就已经快速成长为本领域新兴的独角兽企业，获得创业的巨大成功。还有另外一种途径也可以获得成功，那就是产品和技术都做得很好，不过市场拓展欠佳，这样的企业更适合通过向传统巨头出售技术来获得创业成果。

技术包括两个部分：产品技术本身和技术专利。对于物联网创新企业来说，传统产品上的创新技术基本上都是新产生的专利，这些专利传统企业从来没有涉及过，因此，往往形成该领域的专利统统被创新企业瓜分的局面。当传统企业慢一步再开发类似产品的时候，会发现相关专利早已经被新兴企业占据，照虎画猫的创新将触发专利侵权。在发达国家，一项核心技术专利的价值是巨大的，大到很多巨头只有通过收购专利来获得产品创新。

拿我们开发的App软件来说，就有多项专利技术。其中一项浇水控制器授权功能就解决了传统控制系统无法解决的业主授权设备给园丁使用的安全性问题，我们对这项技术申请了专利保护。

对于传统企业来说，他们最感兴趣和认为最有价值的就是我们团队历经千辛万苦探索出来的这些产品功能实现途径和技术，以及这些技术所形成的专利保护。

技术型的创新公司大多属于轻资产企业，没有多少固定资产，在创新过程中形成的有价值资产，一是有经验和有战斗力的团队，二是技术积累和技术专利资产。保护好这些资产并让这些无形资产不断增值，是每个创业团队的重要任务。

中华人民共和国国家知识产权局

210003

发文日：

2016年02月29日

申请号或专利号：201610105011.5　　发文序号：2016022900384170

专利申请受理通知书

根据专利法第28条及其实施细则第38条、第39条的规定，申请人提出的专利申请已由国家知识产权局受理。现将确定的申请号、申请日、申请人和发明创造名称通知如下：

申请号：201610105011.5

申请日：2016年02月26日

发明创造名称：一种基于智能灌溉系统的授权控制方法

经核实，国家知识产权局确认收到文件如下：

发明专利请求书 每份页数:4页 文件份数:1份

权利要求书 每份页数:1页 文件份数:1份 权利要求项数： 6项

说明书 每份页数:3页 文件份数:1份

说明书摘要 每份页数:1页 文件份数:1份

专利代理委托书 每份页数:2页 文件份数:1份

费用减缓请求书 每份页数:1页 文件份数:1份

费用减缓证明 每份页数:1页 文件份数:1份

实质审查请求书 每份页数:1页 文件份数:1份

提示：

1/2

发明专利受理通知书

相比较而言，国内的专利价值就要小一些，主要是因为国内的专利申请相对容易。另外，国内对专利保护的力度还有待完善，企业之间对专利的价值认可也差异较大，较难形成价值共识。近年来，银行对轻资产的科技型企业也开始初步尝试通过专利估值获得抵押贷款，不能不说是一种进步。相信不久的将来，随着政府对科技创新企业政策的落实，会有越来越多的企业不再为没有房产作为资产抵押无法获得贷款融资而苦恼。

跨过太平洋

2016年年底，美国发生了一件大事，美国商人特朗普竞选美国总统，而且成功当选，他是美国历史上第一位商人成功当选美国总统的。

在中国人看来，谁当选美国总统并没有太大的分别，但在美国人的眼里，无异于在美利坚大地上扔了一颗原子弹，震动非同凡响！究其原因，大多数美国人认为特朗普的当选，标志着美国社会的阶层严重分化和美国精神的分裂。在竞选两个阵营中，当时的希拉里毫无疑问代表了美国主流社会的精英意志，而特朗普虽为美国富豪，却是通过电视脱口秀节目成名，言辞随性，口无遮拦，代表了广大中下层民众的心声。当时，特朗普的当选一度充满了悬念，主流媒体和民调一致认为特朗普尽管代表了一部分民意，但绝对不可能胜过希拉里代表的真正的美国主流民意。

结果，大出意料。有一种很流行的“黑天鹅”的说法，意思是没有想到的事件竟然真的发生了。这就是一起“黑天鹅”事件。选举结果公布的那一天，很多美国精英完全接受不了特朗普当选的现实，尤其是金融、科技为代表的加州精英聚集地，很多人都觉得出了天大的事，工作完全毫无意义，甚至一连好几天，很多城市都出现了砸车、砸店、焚烧国旗等暴乱。可见民主选举总统这件事在美国民众心目中的分量。

我们美国公司的员工也不例外。那几天，办公室、家里到处都在讨论总统大选的事情，我们的合作伙伴也表达了没心思工作的言语。好在混乱情绪很快就平息了，一切又恢复了正常，产品还得照做，市场还得努力开拓，否则无法生存。

我有幸在2016年年底的这个时候跨过太平洋，踏上美国国土，这是我有生以来第一次进入美国。此行的目的主要是参加在美国拉斯维加斯举行的一年一度的浇灌设备展。同时，行业巨头TORO公司有意收购我们的技术，正好借这次机会见个面，给美国人吃颗定心丸。因为我们的产品研发团队主要在中国，他们希望当面交流才能放心。

“全球村”的发展日新月异，南京也开通了直达加州洛杉矶的航班，从南京的家里出发，12个小时的昏睡吃喝之后，飞机降落在洛杉矶国际机场已经是第二天的上午9点。一个人单独在美国入关难免有些不适应，一堆七七八八的入关手续之后，最后是行李检查。我拖了两个大箱子，所以被安排要行李检查，主要查看是否有禁止入关的物品，或漏报税的物品。

时间转回到三个月之前，美国公司已经邀请我参加在拉斯维加斯举行的浇灌设备展。我们从事的这个行业不是一般的消费电子，需要通过专业渠道才能获得销售通道，这种形式也是我们做IT行业多年的人始料未及的。等产品做好之后，才发现必须进入专业渠道才可能打开销路。卖东西永远是创业人员要面临的最重要的功课！

美国的合伙人一再跟我强调，这次一定要跟TORO公司的高层见面，以让他们放心我们的研发和技术团队没有任何问题，这个计划不会改变。因此，一个月前我开始到上海的美国大使馆办理签证。签证办得并不顺利，起先我的资料里面的身份照实填的是在美国公司有投资，是美国公司的股东，由于公务需要到美国出差参加会议。结果签证官看了我的资料，认为我的资料不可信，拒签了！我本来以为很轻松的签证手续，因此草草收场。

第二次接受第一次签证的教训，我按照网上的签证攻略，重新认真地准备了每一份材料，尤其是能够证明我没有移民倾向的材料，例如我名下的房产、汽车、家庭状况等。第二次的签证面试官是一位美国小姐，果然，美国人把汽车很当回事，认真地查看了我的房产证和汽车行驶证，尤其是汽车的品牌和型号。美国人大概认为有一辆不错的汽车就是有不错的资产吧。几天之后，我顺利收到了从上海寄给我的签证回执。通过了！而且是10年的商务旅游签证！这意味着，今后10年内，只要我有需要，随时都可以启程去美国。后来了解到，这项惠民政策是奥巴马执政期间中美互给的。

出门之前，再也不敢马虎了，我认真地研究了可以带到美国的物品。毕竟是第一次到美国跟一些股东和美国的雇员见面，按照中国人的规矩，见面礼是一定要带的。研究来研究去，除了中国的茶叶，可以带到美国的东西寥寥无几，尤其是肉类相关的东西严禁带上飞机，哪怕是一点儿内含卤水的食品也是严禁携带，非常遗憾。

因此，我在洛杉矶机场的两个行李箱中，其实也没有什么违禁品，自然很顺利就通过了检查。

飞机还在空中盘旋即将降落的那几分钟里，我透过机窗就发现了异样：洛杉矶城市很大，但很少有像中国城市一样的高楼，飞机就是在居民屋顶上空盘旋之后降落的，楼房的高度丝毫不影响飞机的视线。低密度——这是我对美国的第一印象。

我们的美国公司坐落在距离洛杉矶100多千米的加州新港，那里是加州仅次于硅谷的第二大高科技创业区。我的合伙人及股东每天在这里给我们南京的技术、生产及服务团队提供美国本土及欧洲客户的需求细节和产品改进建议。

不得不说，美国的城市和乡村环境的确非常整洁干净，在这种总高度不超过4层的办公楼里面干活，一种自尊感油然而生。事实上，在我们这栋楼的不远处还有大量的科技园区，著名的美国高通公司就在不远处的山坡上，办公楼一片连着一片。按照当地人的说法，高通成了本地的一霸！还记得当年的摩托罗拉吗？前不久还是它的天下，现在是高通的了。

这里不光有美国的科技公司，也有大量的日本公司以及其他国家在美国的创新中心，每一家日本汽车厂商几乎都在加州建有工厂，尤其以丰田最多，丰田汽车的性价比获得大多数加州民众的好感。这也就不难理解日本作为美国在亚洲的盟友为何关系密切、形影不离了。相反，在这里，中国公司少得可怜，这也从侧面反映了一个国家在全球竞争中的强弱。

美国这种科技园区形式上和中国的科技园区差不多，但环境上差得太远，美国的房子很注重保养，因此，看上去总是比较干净、有品位。我说这句话绝对没有“外国的月亮比中国圆”的意思，美国自然也有不如中国的地方，随便就可以举出几个例子来。比如，美国的很多高速公路已经不如中国新建的高速公路了，因为它们已经很多年没有新建。美国酒店都不提供开水，但是酒店的大堂往往提供免费的热咖啡——美国人把咖啡当水喝！咖啡很好，但一次性杯子你怎么也想不到，是在中国已经淘汰很多年的白色泡沫塑料杯，俗称发泡塑料，在这里还随处可见！另外，进超市买东西，装东西的塑料袋在中国早已经要付费购买，这是为了减少无法被降解的塑料袋形成大量城市垃圾，这件事最近才被美国人学去，也开始要花钱买购物袋了。

作者在美国分部办公室

我和郦亮博士从加州一路开车，拖了满满一货车参展用品，花了5个小时才到达展览目的地，沙漠中的绿洲——拉斯维加斯，全球著名的赌城，这里是冒险者的天堂，相信大家都耳熟能详。百闻不如一见，在拉斯维加斯的大街小巷，到处都是赌场，一般一楼是赌场，二楼或三楼就是休息区或饭馆。大多数赌场都装修得像宫殿一般，陈设五光十色。就在我们居住的酒店旁边，川普大厦金色的外墙闪烁着迷人的光彩。在室外繁华的霓虹灯下，充斥着大量高规格的表演，我看到的最精彩的表演是有意大利歌剧伴奏的大型喷泉表演，着实让人震撼，感叹于这个世界的美妙！

美国拉斯维加斯夜景

我们的产品在拉斯维加斯的主展厅如期开展。这个展厅在每年的2月份会固定成为全球消费电子展CES的主展厅，展厅内除了大大小小的浇灌控制器、水管、水泵，还有用于农业作业的大型机械展出。总体来讲，科技性和工业化还是很震撼的，这里集中了全球浇灌行业的几乎全部主流品牌，在国内很少见到。当然，其实对于浇灌这行来讲，我们曾经是外行人，但是，我们既然将IT技术带到了这个传统行业，那就应该对这个行业做更深入的研究，才可能获得生存空间。在我们的展位区域有不少像我们一样的科技创新企业，除了自动浇灌控制系统以外，还有打算在农业上使用的物联网传感系统的产品。其实我们对这项技术一点儿都不陌生，三年前我们就设计过这样的传感系统，不过因为没有找到合适的市场，最终放弃了。

股东及美国同事在展会上合影

我们的时间排得很满，在三天参展的间隙，还安排了大量的同行业客户、经销商会谈。这其中，与行业巨头TORO公司的会谈最为重要，成果也最令人振奋。TORO公司的高管对我们的新产品给予了非常高的评价，他们在这一年中测试了全球34家公司的同类型产品，我们的产品从硬件到软件都非常优秀，在大量的产品中脱颖而出，并表示愿意大量采购我们的产品进入他们的经销渠道中销售，并给我们一定的软件授权费用，这其实相当于技术收购。我们对于通过这么少的投入能够做出世界一流的产品感到由衷的自豪。

为了对长期帮助我们的行业顾问Jerry表示感谢，展览结束后，我们专程驱车前往Jerry的住处，与他共进早餐。美国有很多职业素养很好的技术专家，Jerry就是其中一位，我们有很多对产品的改进都是他提供的帮助。作为一名浇灌专家，本来对绘图和软件算不上行内人，但是他在这两年中，帮助我们绘制了很多App界面设计图，许多图片绘制得非常有专业水准。在此，我也想特别感谢这位在创业路上无私帮助过我们的朋友。

其实在美国本土创业越来越难，主要的原因除了人力成本居高不下以外，还有很多市场其实垄断严重。就拿拉斯维加斯的展览馆来说，所有运来参展的大件物品是不能自己运进展馆的，一定要通过展览馆的工作人员用叉车运入，名义上是安全要求使然，实际上，一趟叉车从门内到门外，就要收取800美金，相当于人民币5000多元，如此高的服务费，令人咋舌。在展览馆内，Wi-Fi是要付费租用的，一天的费用也要70多美元，相当于人民币500元，实在是太贵了，这其实就是一种垄断。

下图是正在等待叉车服务的参展人员：

展会结束等待美国货运服务

参展任务完成之后，我还顺便到圣地亚哥军港参观了一下航空母舰，游览了一下漫长而美丽的西海岸，以及名气不是一般大的美国一号公路。说实话，美国一号公路虽然名气很大，但非常让人失望，充其量相当于中国的一条游览街道而已，远没有想象中的那样夸张。盛名之下，其实难副呀！

我站在西海岸宽阔的沙滩上，沙滩上偶尔有海鸟落下，悠闲地漫步，不远处，手拖金属探测器的掏金工在不停地探测，不时挥起铁锨，铲着细沙过筛子，期望能从沙滩上找到游客失落的金银珠宝。

夕阳在一望无垠、波光粼粼的海面上洒下淡金色的余晖。我顺着海平面，从美国那头静静地眺望，海的对面正是我的故乡——中国江苏。几十年前，在中国长大的美国人赛珍珠凭借一部家喻户晓的小说《大地》荣获诺贝尔文学奖，她也是跟我一样站在江苏镇江的山头眺望着对面的美国故乡吗？斗转星移，战争的年代已经过去了，世界的一切又归于平静。现在，中国和美国的距离只有12个小时的路程，一切都在快速变好，尤其是中国！

第三篇　转折期

第十三章　生死之间

艰难裁员

说到裁员，对于企业经营者来说，无论如何都是无可奈何的选择。尤其对于创业公司来说，事业刚刚走上正轨，员工岗位稍微安定。十几个人的企业，无论对什么岗位进行裁员，对全体员工的信心都是非常大的打击。

研发岗位的员工平时对公司的运营情况不太关心，他们每天只关心自己的电路是否设计正确，实验品是否运行良好，代码是否运行正常。突然有一天，跟他们一起上下班的员工被公司裁撤，他们猛然意识到，公司的经营可能出现了困难，或许有一天自己也要面临降薪和裁员的结局，想到这些，留下来的员工开始人心惶惶。

裁员、拖欠薪水是很多创业公司都走过的路。走到最困难时期的我们也不例外，在面临生死考验的时间节点上，我们该如何作出选择呢？

有很多企业经营者崇尚纯中国式的人情管理文化，在公司资金短缺的情况下坚决不裁员，号召员工跟企业一起扛，这种例子很多。也有很多员工令人感动，跟老板一起扛上三四个月。最极端的我听说有一家苏州的设计公司，员工在一年半的时间内没有领一分钱工资，跟公司共存亡，不能不让人心生感动。

这里面其实涉及一个法律问题，那就是当员工在企业三个月没有拿工资，很多员工会在惶恐不安中度过三个月，之后因为生活困难，不得不离开公司。但这三个月的工资仍然是公司拖欠的，员工依然有权利讨还拖欠的工资。我曾经遇到的活生生的案例是，公司在拖欠了几个月工资之后，还是无法兑现员工工资，被迫辞退员工。最后，员工集体起诉公司老板，要求赔偿拖欠的工资，这种案例不在少数。

美国式的管理方式则是在公司面临困境的时候，毫不犹豫地进行裁员。当然，裁员的决定作出之后，企业也要面临劳动合同中的N+1赔偿，即员工在你的公司服务了几年，你就要赔几个月再加一个月的工资。这对于陷入绝境的公司来说，实在是一项无法兑现的支出。

在权衡各种利弊之后，我们最终还是选择了裁员。不过股东之间对于到底要裁员多少产生了争论，由于中国公司的研发成本负担较重，因此还是实际负责日常研发管理的人员最清楚如何裁员。尽管公司作出了裁员以降低运营成本的决定，实际上管理层还是希望公司在熬过一段困难时期后，重新获得新的发展机遇，而不是关门歇业。基于这点考虑，在裁员的策略上，就要尽可能地不伤及重要的研发岗位，使公司已经成长起来的技术和产品线不至于因为这次裁员伤筋动骨。

我们决定从最外围的生产和外贸业务岗位开始裁员。由于产品销售没有达到预期，我们半年前生产的产品还有很多库存，因此减少生产维持成本变得理所当然。在公司初创阶段，为了能够实现全面开拓全球业务的设想，中国公司一直有负责外贸业务的员工，他们主要负责北美以外的澳大利亚、新西兰等地的出口业务。不过由于产品尚不成熟以及员工个人能力等原因，出口业务一直没有大的起色，因此，这次裁撤外贸业务岗位也成为大家的共识。

世事无常，理论和实际往往事与愿违。在开始实施裁员的过程中，即将被裁撤的员工情绪激动，纷纷要求赔偿，在未列入裁员的员工中间产生了很不好的影响，很快就有研发团队中能力较强的员工主动提出离职申请。想裁的员工不肯走，不想裁的员工人心浮动，因为越优秀的员工越容易在短时间内找到新的工作，这就是残酷的现实。搞得不好，很可能留下来的都是猪八戒，而孙悟空早已闻风而动了。

对管理人员来说，实施裁员计划的那二十多天是多么煎熬的一段时光！为了曾经的理想，我们注定要经历九九八十一难吗？

狗血的外贸业务

对于像我们这种市场在国外的企业来讲，产品需要通过出口贸易进行销售，在公司成立初期，我们就开始着手办理出口贸易相关的资质和证照。当时，为了能够顺利开展相关工作，的确需要一位有一定工作经验的外贸业务员配合相关工作，后来我们就招聘了一位外贸业务岗位的员工。

公司刚起步的时候，产品在慢慢改进，存在很多缺陷和问题，无法进行大批量交付，外贸业务也不知道如何开展。为了不跟北美市场的业务团队形成冲突，我们要求中国的外贸业务员只针对澳洲和欧洲市场进行开拓。为了充分利用人力，外贸业务员当时也协助做一些产品生产的协调工作。

经过两年的产品改进，第一代产品基本成熟，也经受了一大批用户的实际使用的考验。这时候，我们开始要求国内的外贸业务员全力进行国外的业务开拓。或许是方向不对，或许是不够努力，总之在过去的6个月时间里，该业务员连一套样品都没有成功送出。在这种情况下，公司将该岗位进行裁撤也是情理之中的事。不管怎么说，作为销售人员，如果连自己的工资都挣不来，肯定不是一名合格的销售人员，怎样处置都不为过。

话又说回来，作为一个创新产品，想短时间内在市场开拓中有所成效，自然绝非易事。按理说，作为管理者，的确应该给业务开拓人员以更多的时间，可是企业运营到马上就要无米下锅的地步，也只好忍痛割爱了。

不过，就在这名业务人员即将离开公司到其他公司上班的最后一天，竟然出现了奇迹，一位澳大利亚客户表达了即将采购100台浇灌控制器的意愿，并付了两台样品的费用。

万般无奈之下，我只能让这名业务人员成为我们的兼职销售员，继续跟进该笔意向订单。

回顾出口外贸的业务开拓的教训，长时间无法获得有效客户的原因主要还是给业务人员的底薪偏高，使业务员没有忧患意识和生存压力。其实，他最后一周的工作成效远远胜过过去6个月效果的原因，就在于有了生存压力，开始认真对待这份工作。但是，为时已晚，上天给人的机会不会太多，你不珍惜，机会很快就会消失！从这件事情上，我反而对我们产品的市场空间变得更有信心。不是我们的产品不好，而是我们不够努力。

盛宴必散

中国四大名著中的《红楼梦》描写了清中期金陵贾王史薛四大家族的兴衰史，几乎家喻户晓。作者用浓重的笔墨验证了事物发展盛宴必散的规律。小到一个家庭，大到一个团体，好的时候，一团和气，春意盎然；坏的时候，各自打算，鸟兽四散。一家公司也不例外，尽管一部分创业者是为了梦想而来，但毕竟股东和员工都是凡人，共同的利益是大家最终的纽带。

员工其实并不仅仅代表员工自己，员工要结婚、生子、照顾家庭，员工的行为往往被家庭左右。公司状态好的时候拼命要求提高待遇，公司希望共渡难关的时候，拍拍屁股一走了之，员工的这种直截了当的超级现实行为，恰恰是社会个体行为的缩影。

在社会缺少职业精神的氛围中，创业者在公司艰难的时候，突然发现非常的无助。当员工纷纷无情地离去，一种“盛宴必散”的情绪油然而生。

在公司既想通过裁员方式迫使运营成本下降获得生存机会，又想留下最有用的骨干员工，剔除效率低下的员工的纠结选择的时候，中国的技术型员工普遍不擅长有效的沟通方式，如果没有做好下一步的打算，普遍不会轻易提出离职。这种情况下，很多员工其实已经提前作好了打算，主动提出了离职申请。我知道这个时候，想要留下想要的员工，语言显得如此苍白无力。提出辞职的员工，几乎不存在留下来继续为公司服务的可能性。

每年进入秋季，江南一带桂花迎来盛放的季节，金、银、丹桂竞相绽放，满庭芬芳，大街小巷散发着桂花特有的香甜气息。桂花的花期在南京一般为50天左右，每棵桂树在这短暂的秋风中要献上两茬花蕾，将一个夏天吸收的美好能量全部无私地奉献出来。

今年的秋天来得很特别，出夏以来，一直是连绵的阴雨。按理说应该到了长时间的桂花盛放、满园桂香的时节，今年桂花吐芳的时间显得格外珍贵。在经过一番秋风扫落叶似的季节变换之后，南京很快就散发着深深的凉意，我也只有找出大衣穿上才不觉得秋凉。

公司的境况也像这个特别的秋天。经过一番骚动挣扎，苦口婆心的徒劳劝说之后，再使出骨干加薪、期权协议签署等浑身解数之后，最后留下来的不是正在怀孕的就是老弱病残的，能力强一点儿的都毫不犹豫地选择了离开。

不幸中的万幸是，这些员工倒是都表示愿意在离职之后，可以帮助继续修改自己的设计，这些自然都是以后通过付费项目外包的方式来完成。谢天谢地，我们辛辛苦苦开创的技术成果总算没有瞬间死亡！技术资产听上去很高大上，其实非常脆弱，员工一旦出现松动，一个月之内就会元气大伤，甚至全部归零。

在一切喧嚣和动荡过去之后，当一个接一个的失眠夜晚终于过去，一阵狂风暴雨之后，留下来的员工依旧踏踏实实向前，继续将产品沿着“精进”的道路推动前行，尽管效率大为降低。所幸我们还在前行的轨道上坚持着。人的成熟和公司的成熟都是在经历很多风雨之后才能有巨大变化，这时我发现大家的目标反而更加清晰了。对于目标是否能够达成，创业是否能够成功，心态变得更加坦然。

在大公司里待惯了的人，很难想象小公司创业中遇到挫折时的艰难程度。销售人员走了，收缩；生产人员走了，收缩；技术人员走了，再收缩；行政人员走了，内勤事务自己亲自扛！因此，我又多了一个财务经理的头衔。在我参加工作近20年的时间里，第一次有人叫我会计。

在一片兵荒马乱之后，我用了两周时间，逐渐理出了行政事务的头绪。我主要做好三件事。第一件事是报好国税、地税、发票。这一点都不能马虎，甚至一天都不能拖。我曾经因为刚接手会计业务不熟练，要求的是每月15号之前上报发票状态，结果当月没有任何发票可开，我也就没有上报，后来竟然收到国税的“传票”，给予我们警告和罚款，真是一点儿都不能马虎！第二件事是发好工资。工资对于员工来说无异于生命，不是迫不得已，千万不要随意拖延发放，而且对于加班奖金、迟到、请假扣除等要做到计算分毫不差才行。第三件事就是做好采购报销、月底账务和财务报表。这些看上去都比较烦琐，不过也有规律可循，熟练了之后并不难。

我在一个月的时间内不但做到了熟练，对以前的财务制度做了合理的改进，我们的总账会计也觉得比以前顺手多了。经过几番较量之后，我甚至觉得以前的行政管理人员薪水偏高，如果让我重新招聘一名行政助手，我可能会选择经验更少一点但做事更有效率的人员来担任。同时，全面理顺行政管理事务之后，我也发现以前的财务管理方式其实是存在一些问题的。第一个问题，应该坚持大账和小账分离管理，一般的出纳人员不应该大账小账一起管，一起管容易导致以下重大隐患：

● 容易被电信诈骗。实施电信诈骗的犯罪分子通过QQ发送木马到财务人员的电脑上，谎称领导交办付款事项，一次性被骗一两千万金额的案例屡见不鲜。事实上，我们公司就碰到过一次，险些上当。有一次，我们的行政助理突然通过QQ问我有一笔资金是否要付？我非常惊讶于根本不知道的客户要求出纳付款，后来幸亏警觉，才避免了这次损失。其实，第二天我们辖区派出所就送来防止受骗上当的宣传单要求我们阅读签字，因为在我们辖区已经有企业被骗。如果一般的出纳人员管理大账，将意味着他/她可动用的资金是无限大的，这样被骗的金额也会无限大，一旦上当被骗，非常可怕。还有关键的一点，经常出门办事的行政助理通常会留下联系方式，个人信息的泄露给了犯罪分子很多可乘之机。而上一级财务经理一般都不会在公共信息上留下联系方式，这样被骗的可能性会大大减少。

● 一般的出纳或行政助理会全面了解公司的财务及员工薪水情况，这是不应该的。很多行政助理管不住自己的嘴，会在员工中有意无意到处透露公司的财务状况，对于本来就资金紧张的创业公司来说，容易导致负面情绪放大，在员工中引起不必要的恐慌情绪。另外，一般的行政文员薪水并不高，技术人员比她薪水高的大有人在，容易导致嫉妒情绪和负面情绪。

● 还有一种情况，在很多企业中都发生过，那就是给财务人员留下大金额的贪污犯罪机会。很多财务负责人员涉世未深，有时候甚至因为爱上一个好赌的浪荡公子，就能把公司的全部现金赔进去，这样的案例我亲眼见过。

这些都是企业管理中值得警惕的陷阱。基于以上种种原因，大账和小账绝对有必要分开管理，一般的出纳或助理级别的员工保管一部分零用金即可，大账和大资金必须交由上一级财务经理管理。这样才可保证公司的财务安全，有句老话说得好：小心驶得万年船。

在一片混乱中接手财务工作，我的洋相也出了不少。例如去购买发票，我骑车到赫然写着大字的区国税局，进去叫号排队，等排到之后，人家告诉我需要红本子才可以购买发票。骑车回公司拿红本子，重新叫号排队，好不容易等到了，办税人员一看，笑了：我们这里只办个体户的发票，企业的发票要到另一个地方办！瞬间晕倒。诸如此类碰壁的事情举不胜举。

还是那句老话，一枚硬币总有它的两面。在员工流失的过程中，我也学会了很多财务管理的细节知识，甚至做了财务改良，这将为公司的下一次上升期获得更多宝贵的管理经验。

放弃还是坚守

公司陷入困境，员工心神不定，纷纷“逃离”这是非之地，作为创业者又该作何选择呢？其实，对于创业者来说，除了左手安抚员工，右手想办法筹措下一个月的员工工资以外，几乎没有第二个选择了。辛辛苦苦忙碌了两三年，现在产品好不容易像个样子，多少也赢得了一些竞争力，谁也不想在这个时候放弃。再说，我们心底不是多少还有一点点梦想，希望通过自己的双手实现吗？

回过头来想想，相对于创业整个过程中遇到的磨难并克服困难前行的勇气，为了一个刚刚冒出来的创业点子而激动不已真是不值一提。在创业路上经历了种种磨难之后，我们现在更加冷静，会用更加长远的眼光来看待一个新的点子或是一个新的项目。

“放弃”这个词在创业的词典里未必是贬义词。很多项目可能只有当面临困难的时候，才能将这个项目的前景看得更清楚，放弃或许可能获得教训，从头再来，减少已经投入的损失。步步高的老板颇具经营天赋，三十多岁就将步步高品牌做得风生水起，全国知名。他近年来始终强调一句话，“要做正确的事，然后再用正确的方法去做事”。所谓做正确的事，说的应该是努力的方向要正确。这是讲战略层面的问题，无论是一个人的目标还是一个企业的目标，如果方向有问题，再怎么努力都很难成功。“用正确的方法做事”讲的是战术层面的问题，即便一个人做事的方法不太正确，这并不会影响大的目标的达成，只不过要走一些弯路而已。中国有句老话叫“天道酬勤”，但是社会实践告诉我们，这句话可能不全对，或者完全不对。一个人努力的方向不正确，上天绝对不会眷顾。在我们的社会中，大量顶级富有的人，绝大多数都不是靠纯粹的勤奋得来，或者说勤奋最多只是一个因素，事实告诉我们，你从事的行业、你从事的方向才是决定你的成就有多大的关键因素，事实就是这么残酷！

在公司接近崩溃边缘，即将连房租也付不起的两个月之前，我就已经做好了放弃办公室，核心员工在家办公的最坏打算。这样可以尽最大可能降低运行成本，将产品的火种保存下来，不至于在风雨中火种突然熄灭。

我们叹息过，争吵过，失望过，但没有绝望过。在确认我们的事业努力的方向没有出错的前提下，我们义无反顾地咬牙坚持了下来。尽可能团结愿意跟我们一道奋进的员工，给员工应该得到的待遇和承诺，让员工觉得自己在这个公司也是为了自己的未来打拼。

股东大会

在公司大量员工出现变动，资金出现重大困难的时候，股东是最后一道屏障，大家需要坐下来商量办法和出路。

公司的股东虽说卧虎藏龙，但到具体的事情上，也未必件件都能顺利解决。在公司股东大会上要解决的问题多半都是资金问题。大多数股东都有自己的生意，因此不一定有百分之百的心情和精力来解决这家公司面临的问题。另外，很多问题并不是没有解决的办法，但是考虑到利害得失，会导致有能力解决问题的股东并不想全力出手相救，这就是公司中人与人之间的现实问题。

股东开会很多时候都是艰难的，因为遇到了难以解决的问题才会需要开股东会，开会的目的是要解决问题，解决问题的出路多半是有人需要作出牺牲。因此，股东会被很多人称为吵架会，也就不难理解了。股东与股东之间的关系很有点儿像夫妻之间的关系，夫妻之间吵架是常事，但是吵过之后不会轻易散伙，吵过之后还是夫妻。

本次召开股东大会的议题如下：

◆ 公司当前现金流困难，是否决定裁员？如何裁员？

◆ 投资机构有意追加投资，全体股东是否愿意出让高比例的股份换取资金？

◆ 审阅市场及产品开发成绩是否达到预定的目标。

对于创业公司来说，其实每次股东大会议题都大同小异，无非就是资金从哪里来，业绩怎么做出来，产品方向是否正确，等等。

对于一家公司来说，生存是永远的话题。公司没有了现金流，无法生存了，其他一切就都无从谈起。

自然，采用裁员这种迫不得已的办法进行成本削减，也算是一种办法。由于裁员对公司的运营影响重大，因此，超过一定比例的裁员就很有必要通过董事会或股东大会来讨论并作出决议。

在裁员和团队管理的重大问题上，有很多经验和教训值得借鉴。说来也怪，我个人跟美籍华人归国创业形式的企业有着不解之缘，先后待过的几家公司都是这种类型。这种类型的企业有一些国内企业没有的长处，比如，可以很轻松接触到国外市场，也可以接触到美国甚至硅谷的风险投资。一般来说，美国对科技公司价值的认可比中国要高出一大截，容易实现技术的高附加值输出。不过这类企业也存在不少短处，最明显的短处就是创业团队要在中国和美国两地奔波和打拼，决策人不可能长期在国内进行日常事务和团队管理。这样一来，势必需要在国内培养团队执行人或者高管，代理董事会或总经理作出很多重大决定的执行。国内管理人员如果选择不当，很可能酿成大错，导致全盘皆输。也就在几年前，跟我们有着千丝万缕联系的一个北京团队的高管为了一己私利，就敢瞒着最高决策层，将整个团队悄悄转移，在没有经过董事会同意的情况下，彻底解散了研发团队。创始人多年的心血付诸东流，一切归零。在这种血的教训面前，我们不得不说，在选择经理人的时候，人品比能力重要一百倍！

我们重新回到股东大会上来。在会议结束之后，除了一致同意裁员以减少支出外，其他也没有商量出更好的危机应对办法。

柳暗花明

又是一个初春，梅花次第绽放。

每年二三月份是员工跳槽离职的高峰期，一年之中第一个头疼的时期又来临了。经过一年的观察和比较，有的员工觉得对之前做的产品已经提不起兴趣了，疲劳了；有的员工觉得公司薪水太低；有的员工觉得人际难处，选择换个环境。凡此种种，总有一部分员工要选择离开。

在往年，一部分老员工离开，公司自然也要再招聘一部分新鲜血液进来补充，但是今年不同。首先，公司的业务进账没有任何起色，钱越花越少。员工离开对士气和产品发展都有很大影响，不过客观上却使运营成本下降，某种程度上也是好事。

在重要员工离开的时候，应不应该采用加薪的方式进行挽留一度还成为股东们的分歧点。不怎么介入经营管理的股东认为员工离职可以降低运营成本，不用理会。参与管理的股东则大多主张挽留员工，因为要培养一个骨干员工周期实在太长了。在骨干员工的问题上，我倾向于保守。在日常的管理中，我深知骨干员工的离职对产品研发的影响是非常深远的，尤其是软件产品的研发。但在现金流日渐紧张到快运营不下去的时候，我也犹豫了，但愿短时间内能够获得转机，否则，运营成本再降也是无力回天了。等情况略有好转，需要尽快补充核心岗位员工，以增加产品研发的安全性。

经过了漫长的春节期之后，我们的技术收购案传来了不容乐观的消息。行业巨头尽管看好我们的产品和技术，但是他们在产品元器件采购调研之后，认为硬件成本偏高，技术收购需要推迟。听到这个消息，大家的心再度一沉。

经过一周的冷静之后，我们甚至想过彻底放弃，改行做其他的。

这段时间诸事不顺，我家养了两年半的宠物猫突然得了尿路感染，日夜狂叫。它已经不是第一次得这个病了，据说除了猫瘟，尿路感染是猫类死亡的第二大杀手。一只猫一旦得了尿路感染，尿路无法畅通，48小时之后，体内的肌酐无法排出，将导致中毒反应，猫会开始呕吐，很快就会出现肾脏衰竭，从而导致死亡。这个时候需要立刻将猫带到宠物医院进行导尿手术，将膀胱中无法排出的尿液导出，然后进行挂水消炎，让猫的身体恢复正常。这个过程我们在3个月前就经历过一次，花费了1000多块，外加好几天奔波，跟带小孩看病无异，当时即感叹宠物养不起，成本太高。没想到，这么快又来了。在经过痛苦的宠物医生咨询之后，我们不想再通过这种方式救活这只宠物猫了。不是因为没有爱心，而是医生说这种病很容易复发，成本太高了，实在无法长期支付。

全家人无比痛苦，毕竟跟这只猫已经很有感情，现在很快就要看着它面临死亡，极其痛苦地死去。有很多朋友打来电话谈了他们的看法，大多数朋友认为一只破猫不值一提，怎么死都不足惜，不用烦恼。宠物医院的医生则给这只猫判了死刑，认为如果再不到医院做导尿手术，就尽快给它吃几颗安眠药，让它安乐死。

在经过痛苦的权衡后，我们选择了第三种方案：自己给猫喂药试试看。在一般的常识中，既然猫得的是尿路感染，那消炎药应该有一定作用，于是我们拿出最好的消炎药开始喂猫，并在网络上查找可能救活猫的办法。有一句话叫“死马当活马医”，我们现在就是“死猫当活猫医”的心态。既然都已经被判死刑了，还有什么药不敢下的呢？我们连续给猫按时服下抗生素。抗生素非常苦，对猫来说也是一样，小猫好不容易才咽下药片。

12小时过去了，小猫奄奄一息，过去能轻松一跃上去的地方，现在怎么也上不去了。我们一遍一遍地看着猫砂盆，因为只要小猫能够尿出来，哪怕只是一点点尿液，那就说明我们的办法是有效果的。没有，没有，还是没有！

24小时过去了，奇迹出现了！我们竟然真的看到了零星的沙团，这说明小猫尿出来了！我们继续喂药，效果越来越好。经过一周的精心照看，小猫起死回生，恢复了平常的样子。我们喜出望外，彻底不再相信宠物医生的话了。更重要的是，我们找到了小猫长久生存下去的廉价办法。因为我们这次只花了10块钱就治好了上次花了1000多块的尿路感染。

家庭宠物猫成员

经过这件事情，我得到一个启示：被判死刑的事情未必就没有救！

我们现在这家公司不就像判了死刑的猫一样吗？在经过彻夜思考之后，我觉得如果另起炉灶做其他的行业风险更大，其实我们的产品做得非常不错，应该继续坚持下去！这是一种彻头彻尾的决心。

在全方位分析公司的各个方面优劣势之后，我们一致认为销售是我们公司的短板，一桶水因为这块短板无法盛水，我们应该花大力气补上这块短板。

一周时间又匆匆过去了，美国那边突然传来了消息，有一家试用过我们产品的代理商即将要下5000台控制器采购订单！很快，又一个好消息传来，另一家代理商看好我们的扩展板产品，也要下大额的采购订单！即将跌落悬崖前一刻，我们终于迎来了一线生机！

第十四章　回归中国市场

寻找目标市场

在努力开拓国际市场的同时，我们也开始试探国内市场。在最初的想象中，国内自动浇水领域几乎找不到市场。近年来，国内城市建设一日千里，三线、四线城市新规划的道路也都建设得非常现代化，人行道大都设计得很宽敞，人行道绿化和道路中央隔离花坛都非常普及，面积巨大。这些城市道路是否有可能采用自动浇灌系统进行植被养护呢？

其实，中国的城市基础建设已经规划得非常好了，美中不足的是缺少维护。这就跟房子一样，很多欧美国家的一栋房子50多年过去了，没有觉得有任何破旧之感，但中国一栋房子，哪怕是只过了20年，就已经很有破旧感，居民只想逃离，再换一栋新的。这里面，疏于维护是主要原因。

同样，花坛新建时都很漂亮，时间一长，枯枝烂叶，破败不堪。其中，自动浇灌系统是城市绿化维护的重要一环。在城市园林绿化领域，我们的产品应该有用武之地。

我们能够想到的第二个潜在目标市场是农业灌溉。农业浇灌由来已久，不过中国的大多数地域依然沿用落后的手动灌溉，一方面是农业缺乏足够的智能化投入；另一方面，对于农业灌溉用水的节约利用，目前的重视力度还有待加强。

别墅自动灌溉场景

对于这两个我们能够想到的潜在市场，该如何去开拓呢？

这两个市场都是以工程项目的方式呈现，要想进入其中，有两种方式：一种是有需求的园林公司通过招标方式发布信息，企业投标获得订单。有关这种方式，我们经验不多。另外，我们的自动浇灌技术不能说完全没有替代方案和竞争者，跟传统的浇灌方式比较，成本也没有优势，很难通过招标采购的最低价中标方式获得市场认可。另一种市场开拓方式，则是通过层层关系网获得项目订单，这种方式需要很强的公关能力，业务人员要有酒量，签下项目之后，通过层层盘剥，最后到达公司账户的真实收入寥寥无几。

很显然，这些市场开拓方式都不太适合我们。其实，早在5年前，我们就通过项目的方式在国内销售物联网教学仪器产品，当时市场还不错。但是，就是因为项目中的种种问题，后来我们决定放弃这种业务模式，打算转型开拓一条完全产品化的道路。所谓产品化，即是通过产品的销售和复制量而不是单一项目的高单价来获得利润的方式。如今，智能浇水控制器这款产品已经完全研发成熟，难道说我们要重新进入项目的方式来获得生存空间吗？我们似乎又一次迷失了方向！

产品本地化

从国际市场回归中国市场，还面临一个新的问题，那就是产品本土化。

之前，我们的产品都是在美国和欧洲销售，无论是控制器的外观文字还是手机App软件的界面都是英文的，现在，这些产品面对的极有可能是一个个文化程度并不高的操作工，用英文方式呈现肯定是不合适的，用户看不懂，难以接受。这就要求我们在启动国内市场开拓的时候，迅速启动产品本地化改造，满足国内用户的操作需求。

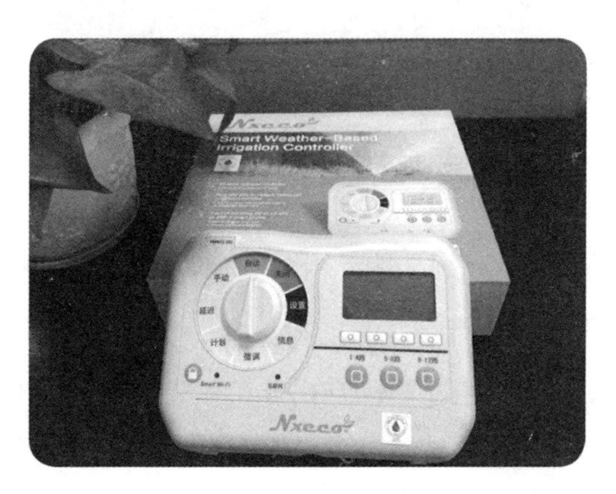

中文化产品外观

除了产品的外观和操作界面要全面适合中国用户的要求外，在软件功能上，中国用户也有自己独特的要求。比如，在工程项目应用上，一般都有展示系统的要求，即不但要完成应用所需的全自动浇水功能，还要有展示给领导和同行观摩的功能。因此，通常需要增加一个大屏幕展示的子系统。

另外，服务器的本地化部署也是一个无法回避的问题。因为中国的网络访问美国的服务器速度太慢，有比较长时间的响应延迟，有时候手机App操作显得十分不流畅。本地化服务器架设会有更好的用户体验，当然，这会增加一些投入。我们的办法是，在重点应用方向和实时性要求较高的行业采用服务器本地化部署。

我们在两个月的时间内迅速更新了控制器界面，iOS和Android手机App全面中文化，同时还开发了符合工程需要的高铁自动喷淋养护观摩系统。能够在这么短的时间实现这些目标，主要得益于中国市场的启动，我们在具体的项目应用中快速地实现了本土化。

发展渠道商

2017年之前，我们对中国市场前景几乎一无所知，为了企业的生存和发展，我开始组织中国市场的探索行动。刚开始，我的计划是用2017年全年的时间在中国做一些市场探索尝试，基本目标是摸清中国市场的基本格局，选定我们产品的定位。

万万没料到，第一步我们走得格外顺利。在开始探索的前三个月，我们不但将传统的市场格局摸清，而且很快就获得了传统大渠道商的订单，让我受宠若惊。

那是一个平静的下午，我跟往常一样思考着该如何开始我们的市场探索之旅，突然间收到一条短信，是以前上海的一个投资人发来的。这个投资人已经很久没有联系过我了，突然收到他的短信让我很是疑惑。信息的内容更是让我摸不着头脑，短信内容说，合同已经达成。

我问什么合同已经达成，对方答，之前谈的合同已经达成。两小时之后才搞明白，原来投资人发错了信息，后来顺便就聊起目前企业的近况。这位投资人很是热心，相约第三天到上海给我介绍一位做浇灌很多年的朋友给我认识。这一介绍不要紧，一下子帮我们打开了一扇通往中国市场的窗户。其实，自动浇灌在中国一直有不小的市场，只不过我们完全不了解而已。通过这位业内的朋友，我又很快认识了美国浇灌巨头TORO中国区经理。不知道是我们的苦心感动了上苍还是我们特别幸运，中国市场一启动，就获得行业内重量级人物的帮助。

经过漫长的黑夜，我们终于见到了一丝曙光，开出了第一张中国市场的销售发票。这张发票金额很不起眼，但对我们团队来说具有划时代的意义。这是我们的产品在中国市场获得用户的首次认可，而且这张发票的抬头是托罗（中国）灌溉设备有限公司。这可是浇灌行业的全球老大呀！所以说，这张发票对于我们来说意义非凡。

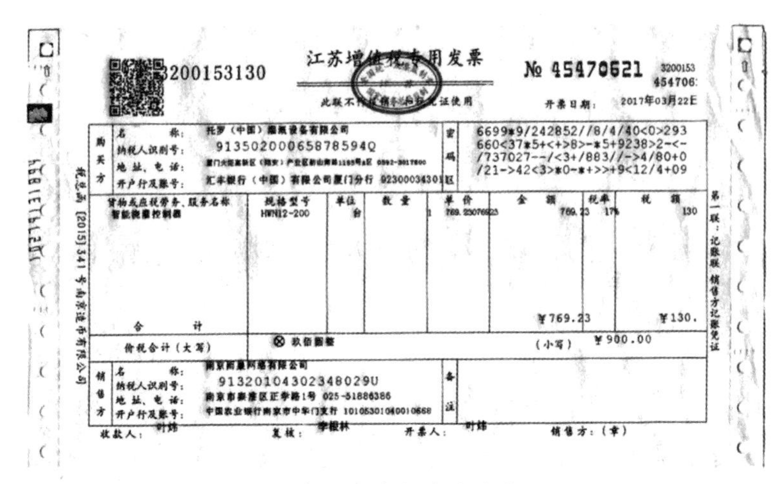

3200153130　江苏增值税专用发票　№ 45470621　3200153 454706

此联不作报销、扣税凭证使用　开票日期：2017年03月22E

购买方	
名称：	托罗（中国）[illegible]设备有限公司
纳税人识别号：	91350200065878594Q
地址、电话：	[illegible] 0592-[illegible]
开户行及账号：	汇丰银行（中国）有限公司厦门分行 9230003430[illegible]

密码区：
6699*9/242852//8/4/40<0>293
660<37*5+<+>8>-*5+9238>2-<-
/737027--/<3+/883//->4/80+0
/21->42<3>*0-*+>>+9<12/4+09

货物或应税劳务、服务名称	规格型号	单位	数量	单价	金额	税率	税额
智能[illegible]控制器	HWN12-200	台	1	769.23076923	769.23	17%	130
合计					¥769.23		¥130.
价税合计（大写）	⊗ 玖佰圆整				（小写） ¥900.00		

销售方	
名称：	南京[illegible]网络有限公司
纳税人识别号：	91320104302348029U
地址、电话：	南京市[illegible]区正[illegible]路1号 025-51886386
开户行及账号：	中国农业银行南京市中华门支行 10105301040010668

备注：

收款人：叶[illegible]　复核：李[illegible]林　开票人：叶[illegible]　销售方：（章）

第一联：记账联 销售方记账凭证

TORO中国向我们采购的发票

开年的第一个月，我们成功卖出了11台控制器，这在以前是无法想象的。我们趁热打铁，制订了中国市场的渠道发展计划，TORO中国和上海润绿成为我们的第一批一级经销商。作为回报，我们也给予了较低的经销进货价格。

投资人那天下午为什么会发错信息给我，至今还是一个谜。特别感谢热心帮助过我们的朋友，他们是广州证券的蔡光晟先生、上海润绿的夏涛先生、TORO中国的张建平先生。是他们的帮助，让我们在中国本土市场迈出了坚实的第一步。

用户告诉我们市场在哪里

中国市场的第一步我们走得非常顺利，不过市场开拓是一场马拉松赛跑，光有好的开头还远远不够。经过半年的持续探索，我们发现自动浇水系统在国内的应用前景广阔到远远超出我们的想象。

自动浇水领域的传统市场有很多，城市公园和农场浇灌是两个发展很多年的固有市场。每个城市都在发展公园健身步道，有不少需要智能浇灌。城郊的私人农场越来越多，这些高附加值的绿色生态农庄都希望借助高科技的力量减少人力支出，提升管理水平，有很大的市场需求。不过这两个市场已经发展了很多年，每个利润点都已经有公司把守了，我们作为“插班生”，没有任何市场开拓的经验，唯一的优势就是先进的控制器产品。原有的市场基本都依赖美国进口的控制系统，我们正好是这个市场的补充。不过，控制器的售价已经被全行业限定在一个相对较低的区间，没有太大的利润空间，只能靠发展经销商带动销售。

除了传统的浇灌之外，还有新的市场领域吗？正当我们苦思冥想之际，有客户打来了电话。

“喂，你们是做自动浇水的吗？”

“是啊！你要自动浇水系统做什么用？”

“浇预制块！”

“浇预制块？”

浇预制块对我们来说匪夷所思，这会是怎样一个用途呢？在一番准备后，6个多小时的车程，把我带到安徽北部的一个偏僻工地，这是中铁集团第十工程局的一个高铁混凝土预制场工地。据说，当地还有七八个这样的工地。进入工地后，我的心狂跳不止，宽阔的场地，一排排的水管都已经安装就绪，就差我们这台自动控制器了。我感觉找到了一把通向全新领域的钥匙。没错，的确是一个全新的自动浇水应用领域。

水电工正在安装喷淋水管

原来，高铁线路上的混凝土桥梁经过现浇拔模之后，必须做15天的喷淋养护，才能达到设计要求。以往各个工地都是人工浇水，行业内也不是特别重视喷淋养护。最近，全行业开始重视起来，智能喷淋养护已经成为强制施工标准。太幸运了，我们迎来了新的发展机遇！

“喂，是××公司吗？”有一天，我正在云南闷热的工地上指导管道铺设，突然接到一个中年男性的电话。

“对呀，请问您有什么需求？”

“我有一个别墅花园需要自动浇水，你们可以实现手机遥控浇水吗？”

“没问题！”

一切就这样开始了，一切都是直截了当的需求！

别墅浇水是我们发现的第二大新兴需求。在每个大城市的周边都有大量的别墅群，别墅的主人很少有时间来照看花草，他们想到了一个办法，那就是用手机App进行遥控浇水。这么一个小小功能，解决了大量别墅业主无法及时亲临第二居所浇水的痛苦。而在国内，目前没有第二家可以做到我们的产品这样专业、稳定地遥控浇水，手机App是我们的独门绝技，优美的操作界面人见人爱！

上海世博园内的智能灌溉系统

还有不少我们以前没有关注到的领域有自动浇灌系统的迫切需求，例如城市建筑立体绿化、道路喷淋降尘、光伏面板的喷淋除尘等，这些都需要自动浇水，或者叫自动喷淋。

用户当仁不让地成为我们入门的老师。在一段市场摸索之后，我们惊讶地发现，中国的市场规模远远大于美国的市场规模。

以前，我们所有的投资人都不相信自动浇灌在中国会有市场，当一个个合同签下来后，大家都不得不相信，原来这片原始森林里真的有一片亟待开垦的桃花源，树上挂满了红彤彤的果实。我不由得想起了那句掷地有声的话：实践是检验真理的唯一标准！

网络推广

在中国市场上，我们完全是一名新兵，如何获得市场需求信息和用户的信赖是一个需要长时间思考和实践的问题。在传统销售的同时，我们也抱着试试看的态度，开始了电子商务营销实践。

多年以前，我曾经临危受命，担任过一家软件公司的华南大区经理，在深圳、东莞、香港等地区销售外贸软件，如今斗转星移，世界完全不同了，我们还能以过去的方式来开展业务吗？答案是，不可以！

近5年来，移动电子商务发展迅猛，大部分生意都可以通过电商平台完成交易，相比较而言，传统的业务员跑市场的方式就显得落后而效率低下。我们不妨算一笔账，传统的一名业务员底薪至少3000元，加上社保支出至少4000元。业务员一出门就意味着不菲的差旅费，本省内客户拜访一个月最少支出2000元，全国客户拜访则至少支出差旅费5000元，这样每月至少支出1万元，而业务结果会怎样完全不可控。优秀的业务员可能第一个月会有比较实质的进展，中等资质的业务员三个月内会有成交就不错了，较差的业务员三个月内不会有任何成交，所有的开拓投入可能会变成负债。

我们从第一个月开始便启用了百度和淘宝进行电商销售。淘宝店铺基本不用花钱，只要我们的产品能够通过网络搜索到就达到了目的，唯一不太满意的是淘宝店不能放置网站链接。百度的关键词点击付费模式说实话比较烧钱，但比淘宝网更有效，要想既有效果又节约费用，需要在关键词的设置上下一番功夫。

总的说来，通过这两个电商平台做产品推广，效果还是很显著的，并且大大缩短了业务开拓的时间周期。

下面这幅图是我们的网店截图：

淘宝网店截图

采用新的电商推广模式，大大降低了业务投入产出风险，而且可以随时调整投入，拥有更好的机动性。

其实，传统的业务员还有很多管理难题，比如外出不遵守纪律、开小差、汇报假信息等。诸如此类的业务员不敬业行为，会带来大量的管理工作量。我曾经为业务员差旅管理伤透脑筋，有了电商推广模式，可以大幅度精简传统的业务员。如今，百度和淘宝成了我们最得力的业务员，“他们”一般不会说谎，而且24小时连轴转。某种程度来说，电商让传统业务员丢了工作，也逼迫传统方式销售人员工作要更有效率才会有竞争力。

世界每天都在发生巨变，唯一不变的是要求人们做得更好。

中国的别墅

近年来，中国经济迅猛发展，在满足基本的温饱之后，中国的老百姓开始逐渐关注消费的品质。在消费升级的大背景下，智能化产品自然会有生存空间。

据不完全统计，截至2017年，全国建成的别墅面积大约为6亿平方米。大量的别墅花园都面临如何给花园浇水的问题。尤其是夏季，气温高，水分蒸发快。科学的植物浇灌方法要求温差较小时浇灌，这样有利于植物花卉生长，例如高温的夏季，在傍晚、深夜或凌晨浇水对植物更有利，如果选择白天浇水，水的低温与土壤的高温形成巨大温差，使植物容易生病衰败。炎热的夏季，蚊虫繁殖旺盛，傍晚浇水容易被蚊虫叮咬，遥控和自动浇灌需求应运而生。

大量的别墅位于城市郊区，这些别墅大多成为业主的第二居所，一两个星期才会光顾一次，炎热的夏季如果一两周才浇一次水，大量精心种植的花卉势必很快干枯死亡，能够远距离遥控浇水或设定好自动浇水成为一种迫切的需求。我们在全球其他地区积累的自动浇灌经验和技术正好可以为这种强烈的自动浇灌需求服务。

2018年，我们重新制订了自动浇灌产品在中国市场的销售计划，重点瞄准具有强大消费力的三大城市群别墅业主，开展销售和服务工作。三大城市群为长三角城市别墅群、珠三角城市别墅群和环渤海城市别墅群。

浇水宝智能浇灌控制箱外观

一套自动浇灌系统终端销售单价在6000元左右，还要配套进行施工安装服务，在公司的全国范围内服务网点没有建设好之前，远距离服务的成本和人力显然都是不允许的。针对单价较低的远距离服务难题，我们采用重点发展各城市经销商的营销服务策略，经销商通过批发价格采购核心设备，水管等辅材自行采购并对所在区域范围的用户进行近距离安装服务，实现增值。通过经销网络的建设，最终将形成我们与经销商，技术和服务的双赢销售网络。

我们用了一年的时间，重点发展长三角本地化服务经销商15家，这些经销商大部分为熟悉传统灌溉产品的工程安装企业，具备成熟的园林灌溉施工经验，大幅减轻了我们在该领域的产品服务压力。

进军路桥养护

就在不久前，我们对路桥工程行业几乎一无所知。在传统的浇灌行业，无非是农业灌溉和园林浇灌两大类，其他的用途就再也想不到了。

路桥养护完全是一个误打误撞发现的全新市场。通常，高铁桥梁和高速公路桥梁的建设方法是用模具对钢筋混凝土进行浇筑加工，现浇梁成型后，进行脱模，然后需要用水进行15天左右的持续喷淋养护，以增强混凝土桥梁的设计硬度。养护完成后，进行出厂装运，现场安装。其中，喷淋养护是其中重要的一环。过去高铁和公路桥梁工程大多不太重视这一工艺过程，随着全行业质量要求的提升，混凝土喷淋养护（或叫喷淋养生）获得空前重视。

我们的产品最初只是为国外的花园自动浇水而设计，现在产品功能发生了巨大的变化，尤其是用于高铁项目喷淋养护领域。

没有路的地方才需要修路建桥，路桥预制场工地大都很偏远，有的要坐汽车，有的要乘飞机才能到达。比如，云南元蔓高速工地在云南红河州的个旧市乡村，离我们公司3000千米开外，道路崎岖，光服务差旅费一项的支出就相当大。如果还用控制器的方式进行销售，将无法负担业务费用，另外，还有大量的水管安装服务成本。综合考虑之后，我们决定采用项目的方式进行销售。所谓项目的方式，即包括项目设计、设备提供、项目施工、售后服务等。

单纯一个控制器在野外工地根本无法安装，而且大多数项目都要驱动380V的增压泵进行水池取水，因此，必须对原有的控制器硬件和软件进行二次改造，才能满足工地现场的要求。

经过多次试用改进之后，我们定义出一款新的产品，叫NXB智能喷淋控制箱，这款产品专门针对混凝土养护设计，功能完全超出普通的植物浇灌的要求。这样每一套设备的单价也可以获得合理的价格，用户和我们都完全能接受。

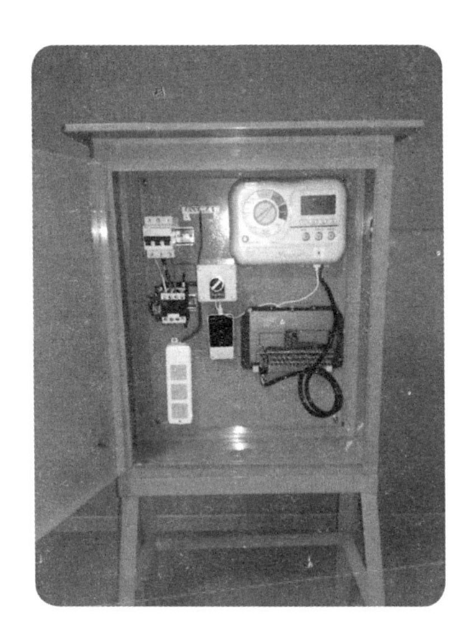

NXB智能喷淋控制箱外观

设备一旦接入强电，就存在安全使用的问题。一旦发生使用人员因为违规操作而触电，将会出现大事故。对于这款新出生的产品，我们还需要配备相应的保险和中国3C认证才可以确保销售无忧。

这些配套工作我们短时间无法完成，在前期的销售，必须做好安全提示的工作。

在后续的新型控制箱外壳上，我们还特别制作了醒目的“有电，危险”警示贴标。

高铁让我们无法呼吸

一个偶然的机会，我们发现了高铁工程上的混凝土预制梁需要自动喷淋养护需求，于是，我们试探着在这个方向上进行网络推广，结果效果出人意料的好。这个方向是一个刚性需求方向，而且，全国保守估计每年有500多个路桥预制场工地，需求量巨大。

让我决定在这个方向上进行深耕的另一个原因是，与高铁项目进行配套，我们的系统在单价上有比较好的利润空间，完全可以覆盖智能喷淋控制系统的上门服务成本，是一个非常理想的施展领域。

当然，在产品上，光一个智能浇水控制器来做工程还远远不够，我们针对高铁工程上的实际需求，开发出智能循环养护控制柜，功能上和植物浇水是完全不同的，植物浇水每天最多只需要4个浇水循环，而混凝土喷淋养护则意味着一天24小时都可能在不停地浇水。这一功能看似简单，实现起来可不那么容易，因为控制器是单片机系统，当几十路同时排进队列持续等待浇水，单片机的内存很快就会耗尽，出现死机现象。“宝剑锋从磨砺出”，经过痛苦的失败和坚定的技术攻关之后，我们终于解决了关键技术问题，获得了稳定的产品版本。

质监部门观摩移动遥控喷淋系统

梅雨季节过后，气温迅速升高，一个个的需求电话接踵而至。

7月，孩子们已经放了暑假，20年前就答应家人的长江三峡之旅，今年又只能作罢。周六周日随时听候客户的调遣，没有更多的休息时间。今天虽然是星期天，可是我凌晨4点就起了床，因为客户等着看方案，只能争分夺秒地赶出来，在用户作出决定前尽可能将方案做到最好。

天已大亮，早上7点，方案已经编写完毕，赶紧在第一时间发给客户。

吃完早饭，发现电脑没电了，赶紧驱车去公司拿电源适配器。路上电话响起，新的客户又来了，要求快速提供公路预制梁的喷淋养护方案；手机上，淘宝千牛消息又在闪烁，有客户问问题，赶紧回答！忙碌的周末，充实的事业。

坐高铁，开汽车，打出租，乘轮船，打三轮车，向着全国各地的高铁工地飞奔。开玩笑说，销售全部成了高铁工地视察员。我们的股东看到微信上拍的照片之后，感叹道，我已经整个成了铁路上的人。

作者在沪通高铁大桥建设工地的汽渡上

进入7月，感觉整个人开始燃烧，我们的团队已经进入燃烧状态。我庆幸于能够在百转千回之后终于找到一个能够发挥产品价值的市场，同时，也感恩高铁工地的领导们，他们都是我们团队的贵人，是他们给我们提供了一个表演产品的舞台。站在高铁工地的舞台上，灯光那样绚烂，节目分外精彩！

我们的“一带一路”

“一带一路”是“丝绸之路经济带”和“21世纪海上丝绸之路”的简称，2013年9月和10月，中国国家主席习近平分别提出建设“丝绸之路经济带”和“21世纪海上丝绸之路”的合作倡议。它将充分依靠中国与有关国家既有的双多边机制，借助既有的行之有效的区域合作平台，借用古代丝绸之路的历史符号，高举和平发展的旗帜，积极发展与沿线国家的经济合作伙伴关系，共同打造政治互信、经济融合、文化包容的利益共同体、命运共同体和责任共同体。

2015年3月28日，国家发展改革委、外交部、商务部联合发布了《推动共建丝绸之路经济带和21世纪海上丝绸之路的愿景与行动》。“一带一路”经济区开放后，承包工程项目突破3000个。2015年，中国企业共对“一带一路”相关的49个国家进行了直接投资，投资额同比增长18.2%。2015年，我国承接“一带一路”相关国家服务外包合同金额178.3亿美元，执行金额121.5亿美元，同比分别增长42.6%和23.45%。

海外高速铁路建设就是在“一带一路”的大背景下展开的。从云南的磨憨到老挝的万象高速铁路（磨万铁路）是“一带一路”南线建设的首条高速铁路，作为“一带一路”南线的首站，万象高速铁路制梁场具有非同寻常的意义。该高速铁路制梁场从2018年1月开工建设，为了实现高水平施工及国际窗口示范效应，中铁二局集团有限公司选择了我们的智能喷淋养护系

老挝万象高速铁路建设工地

统作为制梁场混凝土桥梁标准化喷淋养护设备。

无论别墅花园浇灌领域还是路桥喷淋养护领域，我们立足的还是领先的技术和产品，通过中铁集团各工程项目的带动，我们再次为国际市场提供服务！

在承载梦想重新走出国门的过程中，我们也吃了很多苦头。东南亚地区相比较国内经济要显著落后，民众相对贫困，我们的技术人员到现场指导安装，出现了一些始料不及的状况。中铁的铁路制梁场邻村而建，很多工地还没来得及修建护栏，也没有严禁当地人进出。有一次，我们外派的项目经理一早醒来，发现两部在身边充电的手机不翼而飞。手机一丢就完全没办法与公司保持联络，后来该员工只能通过中铁项目部跟公司取得联系，汇报情况后，急匆匆返回国内，重新办了手机卡。

越过 1000 万

在路桥建设领域的产品销售基本形成规模后，我们根据国内的PM2.5环保降尘需要，开发出道路喷淋降尘产品，加上之前的花园浇灌产品，逐渐形成一体两翼的业务模型。

2018年，我们提出1+N的产品发展战略，1即一个智能喷淋云服务平台，N即多个行业应用产品。我们通过一套物联网核心技术的深入研发，应用到多个行业领域的运营模式，获得多细分领域的竞争优势。

中铁上海局锦州工地场景

在路桥养护领域，我们的产品技术水平独树一帜，产品品质高过竞争同行一个数量级，因此，根本不用担心订单量。有时候，甚至用户在看过一本宣传册的数分钟之内，就决定采购我们的产品，竞争优势非常明显。

2018年，我们的销售额比前一年增长了近

5倍，前两个季度销售额轻松超过1000万元，实现了历史性的增长跨越。找到方向后的业务成长像一匹疯狂的野马，一路狂奔！

获得订单只是产品被认可的第一步，接下来，还需要经历技术方案设计、材料采购、施工指导、试水验收、款项催收等很多环节。在一个个项目签下的过程中，我们的技术人员几乎一整年都没有休息，在一个接一个的高铁和高速公路工地中忙碌。这些工地都远离大城市，工作环境恶劣，没有节假日。为了配合项目的进度，员工们都苦干实干，每一分成长都来之不易。

“沉舟侧畔千帆过，病树前头万木春。”经过难熬的2016年、2017年以及无数个艰难困苦的日子之后，我们的销售额终于进入久违的千万元级别。在很多人看来，1000万算不了什么，但对于经历过死而复生的团队来说，我们深知1000万的分量。我们初期幼稚的产品已然实现了从0到1的历史性蜕变！

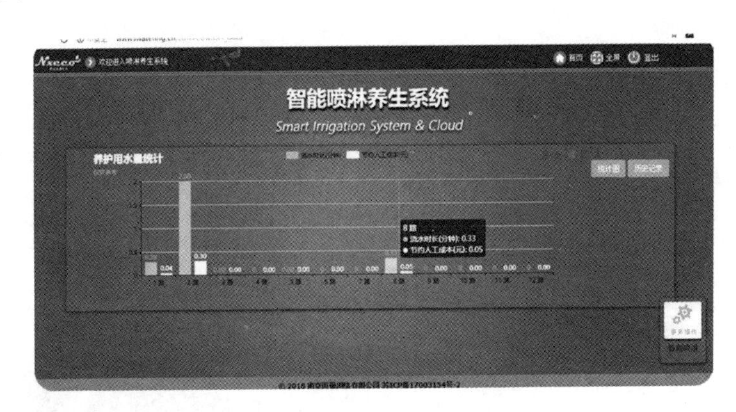

中铁四局智能喷淋节水图表

第十五章　登上光明顶

创业好比登高山，成功登上黄山的光明顶是所有徒步者攀登黄山的共同梦想。登高山除了要准备足够的干粮，找好心仪的同伴外，还要有足够的耐心和毅力。登山过程中，半途而废者大有人在，忍耐是难免的，背后是坚强的决心。除了决心，还需要那么一点儿运气，很多人尽管登上了光明顶，但是天气不佳，即便登到了山顶，也没能看到日出。

创业的三个阶段

王国维所述三种境界给人印象深刻，他在《人间词话》中写道："古今之成大事业、大学问者，必经过三种之境界。"

一是，昨夜西风凋碧树。独上高楼，望尽天涯路。（出自晏殊《蝶恋花》。）

二是，衣带渐宽终不悔，为伊消得人憔悴。（出自柳永《蝶恋花》。）

三是，众里寻他千百度，蓦然回首，那人却在，灯火阑珊处。（出自辛弃疾《青玉案》。）

古往今来，要成就一番事业，大体都要经历这三个阶段。

说到衣带渐宽的辛苦，对于创业者来说根本算不上什么，最让人伤怀的要数"早生华发"。公司的运营千头万绪，压力很大，技术层面每天都有大量的问题要解决。一个产品走向成功的道路上，有成千上万个问题等待过关斩将，早生华发是迟早的事。

在漫长的创业过程中，我也总结了创业走向成功的三个阶段：锐意进击、漫长相持和幸见日出。

创业初期，大家鼓足干劲，一切看上去都很好，市场和技术层面都进展顺利。这个阶段是最快乐的时候，手上也都有一定的干粮，短时间没有生存问题。这个阶段可以称之为锐意进击阶段。有数据说，创业公司中有40%在1年内要关门，应该不假。

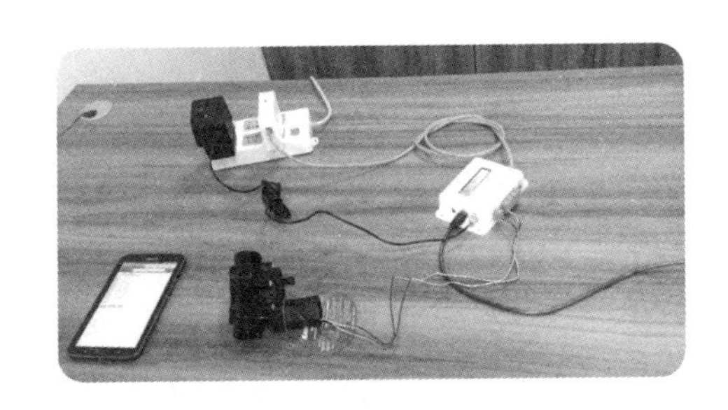

智能浇灌器第一个演示版

很快就会进入漫长的创业相持阶段，所谓相持阶段，产品要开始在漫长的改进中被用户接受，漫长的市场试错，漫长的用户教育，漫长的对手竞争，漫长的资金短缺，捉襟见肘，漫长的团队士气波动。相持阶段才是对创业者真正的考验期，能否在漫长的相持阶段胜出，需要足够的智慧、耐心和运气。有数据说，80%的创业公司会在5年内倒闭，应该也是真的。

黄山光明顶观日出

能够有幸看到黄山光明顶日出是小概率事件，需要天时、地利、人和的众多因素配合才能完成。一家公司从成长走向成功，首先是技术获得突破，接下来是市场获得突破，最后是融资获得突破，创业者在历经千辛万苦之后，最后在毫无兴奋感的情况下水到渠成地迈步山顶。在一个平静的清晨，一轮金光喷薄而出，创业者在感慨自己漫长的付出后，获得应得的回报。据说，只有5%的人能看到光明顶的漂亮日出，这大概也是真的！

摸清行业的格局

战场上有一句名言：知己知彼，百战不殆。创业做产品也是如此。一个公司是否搞得好，战略上不能出现失误，否则再努力也是白白付出成本，只会离目标越来越远。

我们经过两年多的市场摸爬滚打后，对本行业的市场格局有了比较清楚的认识。首先，浇灌控制行业是一个很传统的行业，行业内的产品，尤其是控制器，有着刚性需求，这给我们带来占有市场空间的机会。在这个行业内，经过几十年的大浪淘沙，剩下了5家行业巨头：

- 美国 Rain Bird公司
- 美国 TORO公司
- 美国 Orbit公司
- 澳大利亚 Hunter公司
- 澳大利亚 Holman公司

在这些行业巨头中，最小的规模也在每年营业额1亿美元以上。

跟我们几乎同时看好该领域发展前景，并获得成长机会的创新公司有5家：

- 美国 Skydrop
- 美国 Rachio
- 美国 Hydrawise
- 美国 RainMachine
- 中国 NxEco（美国品牌，我们自己）

在残酷的竞争中，这5家新兴公司都形成了自己的产品特色，尽管部分基础功能有类似的地方，但总体上来讲，每家的产品都有不同的特点。接下来，就看哪些公司的运气比较好了。作为新兴科技公司，要想挑战传统行业巨头委实不易，但是我们做了，而且要坚持到底。

市场传来一个不好不坏的消息，创新公司Hydrawise被澳大利亚的传统巨头Hunter公司看中，已经以重金收购。听到这条消息，我半天才回过神来，不得不考虑自己的出路。

对于创新公司来说，出路无非就两条：要么通过市场竞争做大，挤占传统巨头的市场份额，最终实现盈利而在市场上获得一席之地；要么技术过硬，被传统巨头看中并达成收购协议，从而获得创业回报。

其实，我们已经被人盯上很久了。

一家是澳洲的Holman公司，这是一家传统的家族公司，运营和决策相对保守。他们其实已经看好了浇灌控制产品的转型之路，但是自身经历两年研发后，以失败告终，原因是产品互联网化的技术思路出现方向性错误。当他们在2015年的拉斯维加斯浇灌设备展上看到我们的产品演示后，几乎要被我们产品的功能惊呆，因此很快跟我们谈合作。当然合作的进程一定不会那么顺利，他们是希望先合作一款产品，借以检验一下我们的技术实力，然后再谈投资收购。

还有一家盯上我们的传统巨头是美国的TORO公司。这是本行业的美国上市公司，实力超群。据说，他们的一个产品战略部总经理在测试了所有竞争对手的产品之后，终于有一天走到我们的经销商门口，在那里整整观察了两天之后才跟我们的美国公司联系。在这之后，他们说出了心里话，说几乎所有的类似产品他们都测试过，但是性能都不行，他们看好我们的产品优势，愿意启动对我们产品的技术测试。在经过两个月的测试后，突然有一天，他们邀请我们的市场经理进行合作会谈。在会谈中，TORO公司战略经理毫不讳言地说，小企业短时间内在这个行业内很难挣到钱，因为成本过高。言下之意，我们跟TORO公司合作才是最好的出路。

平心而论，我们的产品能得到行业巨头的认可，算是运气不错。当然收购之路也是很漫长的，他们最看重的是创新企业的技术以及获得的知识产权。美国人的做事风格，一般是先花大量的时间进行每一个细节的考察和论证，最后觉得没有问题了，会一次性敲定谈判。这跟中国人的思维模式有很大差异。我们经常是先达成协议，再谈细节。因此，在跟美国公司打交道时，前期的工作是相当漫长的。我们正经历着“要么上天，要么入地”的考验。

在摸清整个行业的格局之后，我们的目标变得简单而清晰：在继续开拓市场的同时，集中精力跟行业巨头进行深入的合作，以期待有一天通过巨头的市场获得投资回报。

高科技与低科技

某种程度上来说，进入高科技领域就意味着进入一个技术、产品、市场以及资本的竞争的角斗场。这话一点儿都不夸张。其实很多传统行业的竞争并没有高科技市场激烈，高科技领域的输赢往往是一将功成万骨枯，成功的是极少数很幸运的公司。只不过成功的一两家企业占有了90%以上的市场，才会显得那么耀眼。

在日常我们碰到的企业里，很挣钱但是从来没有听说过的企业非常多，但在IT企业里面，非常出名但长期处于亏损的企业却很常见。总体来说，高科技公司比传统公司更难成功。

我们公司本来是做智能浇灌系统产品的高科技公司，但是在产品设计阶段就发现一个问题：我们设计出来的控制器需要在户外长期工作，室外就难免刮风下雨，要有一个防雨的塑料盒才可能在户外长期工作。因此，我们就顺便设计了一个防雨盒。防雨盒由两片塑料壳和一把简易锁组成，没有任何电子元器件，更没有任何软件，卖出去之后几乎不需要任何售后服务，客户一看就懂，也没有任何使用疑问，应该算是一个“货真价实”的低科技产品。就是这样一个低科技产品，无论毛利率还是销量，都比我们费了九牛二虎之力研发的智能控制器要好，而且无须升级！可以说，卖10年都不需要修改外形和升级。

室外防水盒

因此，从某种意义上说，一个产品能否成功，并不取决于产品的高科技特性，最终掏钱的是用户的需求。只要能满足用户需求的产品，就是好产品！

上市可能性有多大

自从有了股市，创业者津津乐道的一个词叫“上市”。一家公司最后能否上市，俨然成为一家公司是否成功的标志。

很多人创立公司的目的就是冲着上市去的，一朝上市，尽享荣华。

资本市场有很多层级，一般公众所认可的上市是指国内创业板、中小板、主板的股票发行，或者是到国外，例如华尔街纳斯达克市场上发行股票融资。企业在资本市场上成功上市后，的确能获得大笔可观的资金，创业者也可能一夜暴富，成为人人羡慕的人生赢家。

从概率上来讲，在成千上万的创业公司中，能够成功走到上市这一步的公司寥若晨星。很多创业公司还没有注册就逢人必言“上市”，可以认为这是胸怀大志，也可以认为是荒诞不经。能够上市的公司可以说是公司中的佼佼者，是金字塔顶端的公司，除了创业者本身的努力外，行业的发展和运气成分也决定了一家公司能否成功上市。

话又说回来了，公司需要获得利润才能生存，创业者也不可能永远做苦行僧，一家公司经过运营之后，要么成功，要么失败。失败的原因各有各的不同，归结起来大致都是因为最后缺钱，资金链断裂，无法再生存下去。成功的方式不外乎这几种：一种是产品销售收入大于运营开支，产品能够获得稳定的利润回报，创业者能够不断挣到钱，持续运营；另一种是公司创造的销售网络或产品技术有价值，并被他人认可，有人愿意花钱来买技术或市场；还有一种就是公司运营达到一定规模，获得资本市场准入通道，创业者成功将股份卖出，获得可观的股票售出回报。这些成功的路径和方式是所有创业者共同的追求。

其实，公司成功不止上市一座独木桥。撇开高科技企业不谈，在各行各业形形色色的公司中，99%挣钱的企业都不是上市公司。我之所以撇开科技公司，是因为科技公司跟传统行业的公司有一些不同，科技公司大多需要前期投入较高的研发费用，技术变成产品，再销售到市场上获得用户认可，需要较长的一段孕育期，很多传统行业的业务不需要这个孕育期，这也就给科技创业带来更大的风险。既然如此，那为什么还有那么多人义无反顾地选择科技行业进行创业呢？凡事都有两面性，科技行业也不例外，更大的风险也就意味着更丰厚的投资回报。科技产品的特性决定了它可能的爆炸式发展属性，一旦产品被用户认可，将有指数级的杠杆，能够获得巨大的财富效应。

在上市获得成功很渺茫的前提下，我们依然怀抱希望，期待通过出售自己的产品、技术或市场获得创业回报。

出售技术还是市场

在一个行业中，每个参与创业的人都有各自的背景，有的公司擅长销售，有的公司擅长产品设计，有的公司擅长管理出效益。

不同特质的公司最终的优势一定不同。公司的最终目的是通过产品销售服务社会，获得发展的利润，不过很多人忽略了另外两种产品：技术和市场也是公司的产品，也是有价值的，也可以成为出售的对象。

事实上，很多初创公司并没有卖出多少自己生产或研发的产品，就被行业巨头看好并收购了。销售型的公司一般擅长建立营销网络，营销网络一旦建成，便具有很大的市场杠杆价值，可以大大缩短新进入者的市场开发周期，获得快速的市场竞争优势，因此非常有价值。

研发型的公司则大多擅长技术，一般掌握一到两项核心技术，尽管很多技术型的公司产品销售不畅，但产品有技术含量，对行业巨头或具备销售通道的企业来说价值巨大，同样有吸引力。

对于技术派而言，掌握核心技术是必然的看家本领。一家公司要正常地运行下去，没有销售是不可想象的，不过，技术派创业一般会侧重技术研发，形成核心的技术专利或相关知识产权，从而积累公司价值，我们选择的就是这条路。在创业的4年多时间里，我们已经获得无数的技术创新，申请了众多专利。对我们来说，技术创新永远是我们公司安身立命的本钱，尽管很多时候技术并不能换来现金。

就一项技术本身而言，除非有专利技术，否则技术本身的价值并不像想象的那样高。我跟一位做投行的朋友不经意间聊到找什么样的人作为合伙人更有价值的问题，他坚持认为，找有市场资源的人作为合作伙伴创业的风险更小，不能不说有一定的道理。因为技术总是可以花钱买到的，而市场是买不来的，技术的价值可能就在于超前了那么一点时间。

技术的价值还跟技术产品化的程度有关，产品化高的技术自然更值钱。产品化程度高的产品往往已经在某一市场打开了销路并且占据了一定的市场份额，意味着技术和市场都形成了一定的价值，技术和市场共同打包被收购的价值就更高。如果一个产品能做到这种程度，已经很成功了。

阶段兑现

创业就像一场横渡长江的游泳，具有很大的挑战性，能够一口气从南游到北的人少之又少。对大多数创业公司来说，都没有足够的粮草来保证自己一定能游到对岸。

创业的每一天都面临着生死考验。过一段时间就哭着找钱维持下一个月的开销，可以说是初创公司的常态。马上就发不出工资了，马上面临公司关门的窘境，该怎么办？压力好大，无法可想。面对长时间的辛劳在一瞬间就要全部打水漂，股东之间矛盾升级，互相指责，产品频繁出问题，敏感的员工多少能感觉到公司的压力，士气低落。

创业者日子过得好慢。以前在其他公司效力的时候，可能三五年转眼就溜走了，创业后，过一年好像过了好多年。回顾来时的路，每一步都很颠簸。

第十六章　创业思考

回顾从向往到实践的创业初衷，最初我的想法无非是想实现个人财富的快速增长，但是当经历千山万水一路泥泞之后，我发现一项事业要想有所作为，需要付出无尽的心血和汗水，创业反而成了一种独特的经历和体验，以及在创业过程中的心智成长过程，这是实实在在的心灵修炼。

人生很短暂，可看到的风景有限，创业过程算是一道独特的人生风景吧。偶尔翻开旧相册，发现十年二十年一晃而过，曾经步履不稳的小女儿，很快长大成人。感慨时间匆匆之余，也回顾过往每一天的来路，在匆忙的每一天中，有的亲人已经离去，过去的好同学，一起工作过的好朋友，很多已经远离并成为回忆中的剪影。今天的自己仿佛站在天涯的尽头，一时间孤立无援而又甘苦自知。

谋事在人，成事在天。长期以来，我为事业的得失惴惴不安，或难以入睡，或梦中惊醒。追逐和付出是必须的，或许注定成为一只扑火的飞蛾，又或许注定成为一个探路者。那又怎么样呢？曾经努力过，这就足够了。

回想起一件产品从听都没有听说过，逐渐一步步摸索着将它变为现实的历程，还能远销到地球上最发达国家的用户手中，获得用户的认可，不禁油然而生一种满足感。产品的持续“精进”，其实是对惰性的磨砺，对耐力的考验。

在创业的过程中，家里人也会自然不自然地置身其中，喜怒哀乐愁，经过的才能体会。很多公司的事，股东之间的事，员工之间的事，家人可能也会偶尔发表意见。待人接物，麻烦问题的处理方法，公司找米下锅，家里人也没少担惊受怕，感谢他们的抚慰和陪伴。

把创业的过程当作一种修炼，心理变得海阔天空、坦然无比，很多棘手的问题也变得不那么可怕了。

我经常会想起在北京中关村工作的无趣岁月，当时做一些按部就班的工作，闲得心里能听到鸟叫。曾记得那时午休经常到中关村广场偏僻的树荫下傻睡，闲极无聊到北大听讲座，孤独寂寞到在北京地铁听钢琴背景音乐，多年下来一事无成，最悠闲的时光往往是最虚度的岁月。

机会稍纵即逝，感恩于回到南京之后获得发挥创想的舞台。得与失很重要，也不重要。说重要，是因为大家都想付出能有回报；说不重要，其实过程和历练就是一种人生最难得的收获。

接受心灵历练和洗礼的方式有很多种，做礼拜，听诵经，吃斋念佛，参加公益，奉献爱心，都可以算得上是对心灵的洗礼。我发现还有另外一种"残忍"的历练方式，那就是创业。能不能修成正果，就看各人的造化了。

中国历史有很多"不以成败论英雄"的篇章，我希望参与过创业的人，尤其是技术创业群体也要有这种无所谓成功与失败的心态。将事业进行到底，将自己的青春和生命凝聚成优秀的作品，奉献给多姿多彩的世界。

在艰难的日子里，我有一天突然很佩服古人的造词功力。"焦头烂额"一词出自《汉书·霍光传》，书有云："曲突徙薪亡恩泽，焦头烂额为上客耶?"该成语后人的解析是："烧焦了头，灼伤了额。比喻非常狼狈窘迫。有时也形容忙得不知如何是好，带有夸张的意思。"真的有这么夸张吗？真的有这么夸张！我就曾被苦不堪言的问题折腾得真的额头上长了两颗黑刺，怎么都去不掉，真的就感觉额头被灼伤了一样。压力山大呀！

还有一句诗用来描绘创业的情景也很恰当："山重水复疑无路，柳暗花明又一村。"相信只有经过重重磨难才见光明的人才能真正理解这句诗的含义，也将相视会心一笑矣！

一次创业是一次人生难得的修炼，对我们团队中的每个人来说，都是一个生命阶段的修炼。我清楚地记得，刚开始团队因为意见的分歧，没有少唱对台戏。但是，公司的目标只有一个，就是把好的技术转化成优秀的产品，奉献给尽可能多的用户。只有用户觉得有价值，我们的努力才有价值，我们的企业才有价值，我们每个人的付出也才有价值。

在一个团队中，不是谁的嗓门高，谁的道理顺谁就有能耐，最后世界检验我们的是我们每个人的德行，以及我们的整体表现。只有我们整体的目标做到最好，才有个体的价值。所幸经过几年的磨炼之后，大家互相摸透了脾气，团队之间变得非常宽容，大家都认识到了对方的优点，尽可能地包容和尊重对方，在一步步实现产品目标、市场目标和企业目标的过程中磨合促进。我相信每位合作伙伴跟我的感受是一样的，我们都变得比最初更成熟和透彻。我们在这场人生的修炼中“精进”了，收获满满。

有一句老话，百世修来同船渡，千世修来共枕眠。我想，一起创业的团队至少也修炼了百年以上才获得这段缘分吧！多年之后，创业伙伴携手共进的过程也像是一场婚姻的过程，在企业大家庭里，各自发挥着自身的能量，拌嘴争吵是难免的事，但事后又都自然地向着同一个方向努力，日子总是会越过越好的！

就在我们最年长的美国合伙人刚刚过完56岁生日之际，他在微信中为他这些年来的人生历程感慨万千，概括起来可以用三个词来形容：收获，感恩，奋进。是的，我们还在奋斗的路上，也是在修身、修道的路上。我们修身的路很长，请享受这修道的每一个难忘时刻。失意时，砥砺前行；得意时，顺风高呼！